藏·在·名·画·中·的·色·彩·密·码

室内设计色彩搭配

樊岩绯　编著

C5 M15 Y70 K0

C35 M50 Y70 K0

C20 M80 Y1000 K0

C50 M56 Y65 K2

C20 M45 Y80 K0

C27 M38 Y42 K0

C25 M60 Y80 K0

C38 M51 Y50 K0

C35 M95 Y100 K0

C35 M50 Y70 K0

C45 M20 Y65 K0

C40 M10 Y80 K0

C35 M95 Y100 K0

C8 M100 Y83 K0

化学工业出版社

·北京·

内 容 简 介

本书通过对近 150 幅世界名画进行鉴赏、分析，总结出行之有效的配色方法，并提取出色彩的 CMYK 色值，使之能够被直接借鉴到室内设计方案的色彩搭配之中。同时，书中分为"色彩的组合搭配"和"色彩的应用技法"两部分，涉及同类色对比、类似色对比、邻近色对比、中差色对比、对比色对比、互补色对比、三角型色相对比、四角型色相对比、全相型色相对比 9 种色彩搭配方法，以及 13 种实用的色彩应用技法，如冷暖色对比、重复调和、渐变调和等。令读者在欣赏名画作品的同时，可以将大师的色彩搭配手法运用到自己的方案之中，以打开配色思路，及提升设计作品的水准。

本书适合环境艺术设计专业的在校生，以及室内设计师、软装设计师使用，也适合对名画艺术作品感兴趣的读者作为休闲读物阅读。

随书附赠资源，请访问https://www.cip.com.cn/Service/Download下载。在如右图所示位置，输入"41840"点击"搜索资源"即可进入下载页面。

图书在版编目（CIP）数据

藏在名画中的色彩密码：室内设计色彩搭配 / 樊岩绯编著 . — 北京：化学工业出版社，2022.8
ISBN 978-7-122-41840-1

Ⅰ . ①藏… Ⅱ . ①樊… Ⅲ . ①室内装饰设计 - 装饰色彩 Ⅳ . ①TU238.2

中国版本图书馆CIP数据核字 (2022) 第123856号

责任编辑：王　斌　吕梦瑶　　　　　　　　　　责任校对：赵懿桐
装帧设计：韩　飞

出版发行：化学工业出版社（北京市东城区青年湖南街13号　邮政编码100011）
印　　装：北京宝隆世纪印刷有限公司
889mm×1194mm　1/20　印张11　字数345千字　2023年1月北京第1版第1次印刷

购书咨询：010-64518888　　　　　　　　　　售后服务：010-64518899
网　　址：http：//www.cip.com.cn
凡购买本书，如有缺损质量问题，本社销售中心负责调换。

定　价：78.00元

前　言

　　名画作品作为艺术界的"瑰宝"，令许多人为之沉迷。画中的构图、光影，以及色彩是众多从事艺术行业的人士潜心研究的方向，希望能够从大师的作品中，汲取设计上的经验。其中，在名画作品中，色彩的呈现是十分直接的，可以轻易锁定观者的目光。纵观莫奈、梵·高、毕加索、夏加尔等这些绘画界的大师，其对色彩的运用是天马行空且摄人心魂的，他们画作中斑斓的色彩引领着人们遨游在艺术的疆域中。

　　本书以中西方名画作品的色彩鉴赏与分析为线索，深入剖析了名画中的色彩规律，帮助读者迅速领悟名画中蕴含的色彩搭配诀窍。书中的第一部分为"色彩的组合搭配"，将名画作品按照室内配色的 9 种常见类型进行细分，并匹配优秀的室内设计方案，通过名画作品与室内设计方案相结合的方式，为读者提供大量的配色参照以激发创作灵感。第二部分为"色彩的应用技法"，帮助读者从名画作品中快速地领悟到色彩的冷暖规律，以及掌控色彩之间的调和规律等更深层次的配色技法，从微观与宏观两个维度揭开色彩神秘的面纱，从而使读者在色彩的运用上到达自由之境。

　　此外，书中还总结出 30 多个色彩密码，实现名画作品配色到室内设计配色方案的有效转化；以及对约 150 幅名画作品，及近 200 张室内设计方案进行文字解析，并配有 CMYK 色值，通过解构式的色彩分析，对室内空间配色进行了完整的讲述。

目录
CONTENTS

第二部分　色彩的应用技法

第一部分
色彩的组合搭配

掩盖了炽热感的红色，依然不会被埋没

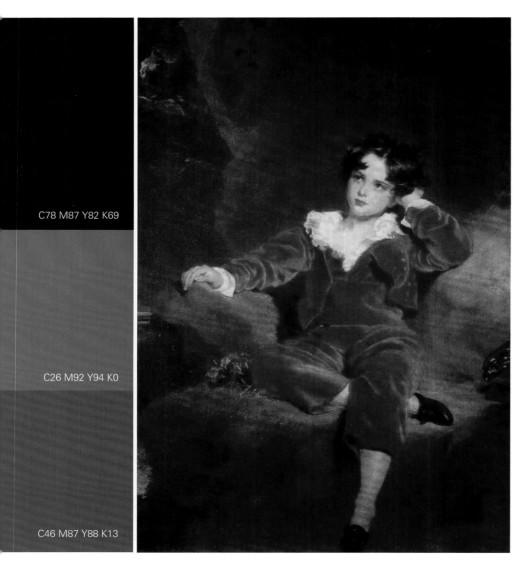

C78 M87 Y82 K69

C26 M92 Y94 K0

C46 M87 Y88 K13

劳伦斯在《红衣男孩》这幅作品中，利用饱和度较低的棕红色作为背景色，提供给画面一种稳定的视觉感受。而男孩身上穿的丝绒外衣，则在背景色的基础上提高了红色的纯度，令画面产生了明暗对比，也突出了画面的主体。整幅画作中，人物、衣饰、神情、色彩，浑然天成。

托马斯·劳伦斯 《红衣男孩》

加入灰色调的红色具有雅致调性，运用在墙面上，使整个居室的格调都大幅提升。在软装的选取上，无论是沙发，还是可移动推车，均采用了与墙面相近的色彩，但在明度上做了区分。

● C29 M76 Y75 K0　　● C62 M87 Y97 K54　　● C49 M76 Y78 K12

● C58 M86 Y86 K44　　● C45 M91 Y99 K13　　● C16 M69 Y65 K0

空间中运用加入了黑色调的红色作为墙面色彩，结合优雅的装饰石膏线，奠定了空间的尊贵感。而带有光泽度的红色丝绒沙发，拉开了与墙面的色彩层次，整个空间的配色既有融合，又有对比。

色彩密码

即使世间的色彩万千，红色也绝对不会被埋没，红色往往会轻易吸引到观者的目光，令人眼前一亮。但由于饱和度过高的红色具有刺激的感觉，所以并不适合大面积地出现在室内配色中。但是，托马斯·劳伦斯在《红衣男孩》这幅作品中用到的红色则加入了灰色调或黑色调，这类红色大幅降低了刺激的感觉，即使作为家居的背景色，也不会显得刺眼。

● C47 M77 Y80 K11

● C57 M79 Y83 K33

将饱和度略低的红色在居室中大面积使用，为空间带来一种强烈的戏剧性，比较适合营造具有艺术化需求的空间，不太适用于表达温馨、舒适的大众化家居。

由名画作品引出的色彩概念

同类色对比

色相在色相环中色彩相距为 0° 的对比，是同一色相不同明度与不同纯度的对比关系。0° 色相属于较难区分的色相，其色相属性具有同一性。同类色对比虽然没有形成色彩的层次，但形成了明暗层次，可以通过拉大明度差异来产生出其不意的视觉效果。

配色效果：同类色对比是典型的调和色，较容易取得协调效果，形成稳重、平静的空间氛围，属于保守型配色。

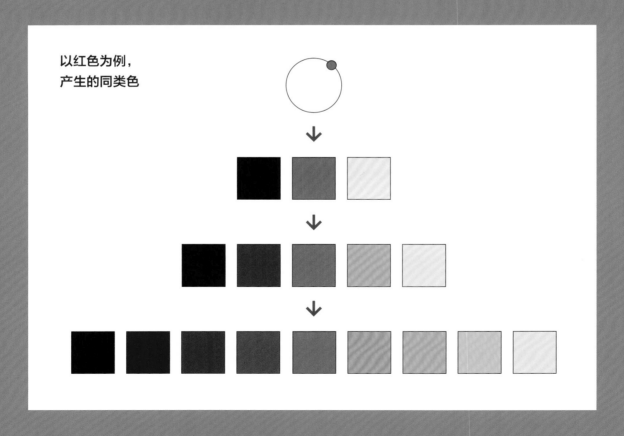

以红色为例，产生的同类色

夕阳落下的那一抹橙色，带你回家

C24 M85 Y100 K0

C44 M98 Y100 K12

C1 M51 Y85 K0

文森特·威廉·梵·高 《田野中的老教堂》

　　在《田野中的老教堂》这幅作品中，梵·高运用橙色为我们铺陈出一幅夕阳西下的画面。从农田到天空，均利用不同纯度的橙色来表现。农田中的橙色中带有一点红，温暖中还透露着躁动的情绪。延伸到天空中的橙色则容纳了较多的黑色调，降低饱和度后变得沉稳起来。而接近画面顶部的橙色，则提高了明度，显得更加明亮。整幅画作虽然只运用了一种色彩，但色彩的表现层次令人叹为观止。

将取色于海底珊瑚礁群中的珊瑚橙色倾泻于墙面之上，给人带来舒适、愉悦的观感。地毯中运用到的橙色则降低了饱和度，显得更加沉稳，也保证了空间配色的稳定性。

● C19 M55 Y58 K0 ● C51 M77 Y89 K18

● C42 M78 Y95 K6 ● C53 M97 Y100 K40

● C35 M84 Y94 K1 ● C29 M70 Y96 K0 ● C4 M14 Y16 K0

将太阳橙色表现在墙面上，整个居室呈现出一种温暖、热烈的语境，但由于搭配的地板为暖褐色，因此空间又带有含蓄的情绪。

色彩密码

橙色相比红色的刺激度有所降低，但依然带有热烈的感觉。橙色作为空间中的主色十分醒目，较适用于餐厅、工作区、儿童房；用在采光差的空间，还能够弥补光照的不足。但需要注意的是，应尽量避免在卧室和书房中过多地使用纯正的橙色，会使人感觉过于刺激，可降低纯度和明度后使用。另外，在橙色中稍稍混入黑色或灰色，会变成一种稳重、含蓄的暖色；而橙色中若加入较多的白色，则会带来一种柔美感。

温暖、明亮的黄色，也可以很沉稳

C18 M19 Y72 K0

C7 M19 Y87 K0

C39 M54 Y100 K0

爱德华·维亚尔《房间》

《房间》这幅作品基本上只用了黄色进行表现，但由于画面中的黄色有着不同深浅，以及具有不同冷暖和纯度的变化，使整幅作品显得丰富而耐看。例如，画面最上面的那一小段偏绿的黄灰色明度略亮一些，好像为画面开了一扇窗户。床品、地面中的黄色则表现得更为丰富，使平面的作品呈现出立体的效果。

色彩密码

黄色能够给人轻快、充满希望、具有活力的感觉，让人联想到太阳。在中国的传统文化中，黄色是华丽的颜色，象征着帝王。黄色具有促进食欲和刺激灵感的作用，非常适用于餐厅和书房中；因为其明度较高，也同样适用于采光不佳的房间。另外，黄色带有的情感特征，如希望、活力等，使其在儿童房中十分适用。

用浓色调的黄色作为墙面配色，给人带来温暖感和安全感，不会显得过于刺激和突兀；用同样具有亲和属性的黄褐色木质材料，以及明度略高的黄色花艺与之搭配，十分和谐，整体空间看上去既复古又温暖。

● C26 M40 Y96 K0　　● C15 M23 Y64 K0　　● C42 M60 Y85 K0

文森特·威廉·梵·高
《榅桲、柠檬、梨子和葡萄》

梵·高的这幅水果静物画中，水果几乎占据了整个空间，也几乎和画面的背景融为一体。为了赋予水果以明艳、生动之感，梵·高只采用了不同的黄色来进行刻画，但是在不同的黄色调中，利用阴影来调和，使画面具有层次感，也形成了一片涌动的色彩海洋。相对于爱德华·维亚尔《房间》中运用的黄色，这幅画作中的黄色在色调上更加沉稳，为画作内容更添深意。

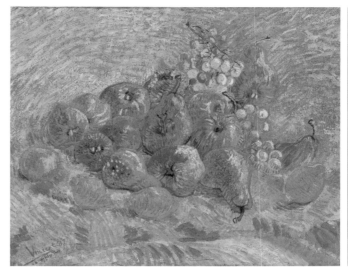

C47 M47 Y100 K0

C44 M43 Y76 K0

C37 M33 Y59 K0

● C32 M43 Y78 K0　　● C43 M55 Y100 K0　　● C56 M69 Y100 K23

墙面材料为带有灰色调的黄色花纹壁纸，为空间奠定了雅致的基调。沙发的色彩在饱和度上有所提高，与墙面拉开层次的同时，也成为空间中的视觉焦点。

深深浅浅的绿色，
打造旺盛的家居生命力

C78 M56 Y100 K26

C65 M22 Y90 K0

C62 M36 Y100 K0

C79 M74 Y98 K61

但丁·加百利·罗塞蒂《白日梦》

画面中的女子身着绿裙，被层层叠叠的绿叶包围。裙子颜色与背景颜色的界限没有做明确划定，令观看者被层层的绿色包裹住视线。但深入探究画面内容时，又会惊叹于这些绿色所具有的明暗变化，如同带来了一幕让人沉沦的潋滟春色。

● C80 M47 Y100 K9　　● C82 M56 Y90 K25　　● C90 M71 Y100 K65

案例中的色彩搭配参考了《白日梦》的思路，将不同色调的绿色进行融合，把绿色系所具有的生机暗藏于室内。背景墙上绿植图案的壁纸与绿植装饰搭配在一起，仿若打造出一处热带雨林。

C48 M40 Y95 K0

C80 M64 Y100 K46

C72 M65 Y100 K41

C13 M13 Y38 K0

色彩密码

　　绿色能够让人联想到森林和自然，能够使人感到轻松、安宁。在家居配色时，一般来说绿色没有使用禁忌，深浅不一的绿色搭配起来更容易塑造出生机感。另外，带有植物图案的装饰壁纸，以及充满自然气息的绿植装饰，都是打造有氧居室的好帮手。

　　这幅画虽然被命名为《乡村火车》，但火车的形象仅以粗糙、随意的笔法描绘，画中极力渲染的是一片绿意葱茏的乡村景色。画面中的绿由近及远，层层浓郁，明暗对比带来的视觉变化，令整幅画都变得生动起来。草坪中所运用的草绿色，搭配树木的深绿色，仿若将自然中的有氧气息，渗透到画面之外。

● C38 M22 Y82 K0　　● C77 M65 Y100 K44　　● C27 M21 Y27 K0

　　利用草木绿作为空间中的主要配色，将其体现在墙面、顶面、室内门，甚至收纳柜上，其清透的色彩就像是被细细的筛网滤过一般，让人有可以自由呼吸的空间。再选择色调略深的苍绿色，调剂墙面色彩，烘托出一个生机盎然的空间。

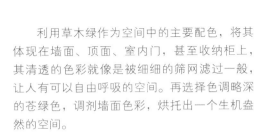

C76 M59 Y60 K12

C70 M36 Y72 K0

C44 M20 Y59 K0

C60 M29 Y43 K0

古斯塔夫·克里姆特
《阿特湖》

这幅作品被不同深浅的绿色笼罩，并由近到远逐渐深浓，浅色调的绿色充满生机，深色调的绿色悠远深邃。因此，尽管画面中运用的是同类色对比，但色彩之间的明度变化所形成的奇妙反应，趣味十足。

方案中将色调略深的祖母绿色作为沙发的配色，主角色的设定，具有稳定空间的作用，也容易形成视觉中心。而色调相对浅淡的柠檬绿色被作为墙面壁纸的色彩，其产生的清新感，令视觉更加舒适。

● C64 M25 Y52 K0　　● C80 M62 Y100 K39　　● C75 M47 Y81 K6　　○ C0 M0 Y0 K0

克劳德·莫奈 《睡莲》系列画之一

在莫奈的这幅《睡莲》作品中，深浓的绿色作为湖水的配色被大量运用，营造出一种神秘、深邃的氛围。睡莲叶片中的绿色提高了明度，幽幽地向湖面远处扩展，仿佛具有流动性。值得一提的是，湖水的深浓色彩中暗藏了树木的倒影，以衬托出睡莲的层次。莫奈笔下的睡莲，总是充斥着浓烈的色彩和浪漫的情调。

C81 M70 Y85 K53

C83 M67 Y89 K51

C82 M60 Y86 K34

C54 M26 Y62 K0

● C91 M71 Y74 K47　　● C69 M37 Y74 K0
● C89 M71 Y100 K63　　● C87 M60 Y100 K40

● C91 M60 Y98 K41　　● C93 M71 Y89 K61
○ C19 M37 Y46 K0

方案中借鉴了睡莲和湖水的色彩，利用翡翠绿色和古典绿色使空间绽放出华丽而高贵的生命之美。丝绸质感的翡翠绿色沙发为空间增添了精致的美感，墙面则被古典绿色和翡翠绿色共同占据，一深一浅的对比，给人一种节奏感和韵律感。

餐厅的配色中将翡翠绿色和古典绿色相互融合，没有做明确的区分，但由于将色彩体现在不同的材质之上，如木质的橱柜、丝绒质感的餐桌布等，冷暖有别的材质使色彩呈现出微妙的变化。

那一片蓝色，是变幻莫测的海洋色彩

C37 M118 Y19 K0

C33 M20 Y27 K0

C54 M32 Y18 K0

克劳德·莫奈 《查令十字桥》系列画之一

《查令十字桥》为莫奈创作的系列画，描绘了在伦敦雾气缭绕下的一座铁路钢桁架桥，它横跨伦敦的泰晤士河，位于滑铁卢桥和西敏桥之间。在这幅画作中，莫奈使用了深浅不一的蓝色来描绘查令十字桥及其周围的景色，使作品散发出轻盈感。这种轻盈感主要得益于画面中的蓝色被整体统一在明色调和淡色调之间。

案例中橱柜清新的配色借鉴了《查令十字桥》，温柔的婴儿蓝色，干净、恬静，好似清透天空中一片淡薄的云，为原本作为"烟熏火燎"之地的厨房，注入了空灵的观感与优雅的气质。

● C50 M26 Y29 K0　　● C19 M15 Y15 K0
○ C0 M0 Y0 K0

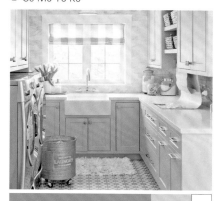

● C48 M24 Y26 K0　　● C44 M24 Y29 K0
○ C0 M0 Y0 K0

卫生间干区的墙面使用带有花鸟图案的蓝色壁纸，以及婴儿蓝色的护墙板，大面积清浅的配色，为空间奠定出优雅的氛围，再利用白色的木质洗手台进行搭配，使整体空间温柔中不失高级感。

色彩密码

　　蓝色为冷色，是和理智、成熟有关系的颜色，在某个层面上，是属于成年人的色彩。但由于蓝色还包含了天空、海洋等人们非常喜欢的事物，所以同样带有浪漫、甜美色彩，在家居设计时也就跨越了各个年龄层。蓝色在儿童房的设计中，多数是用其具象色彩，如大海、天空的蓝色，给人开阔感和清凉感；而在成年人的居室设计中，则多采用其抽象概念，如商务感和科技感。另外，蓝色是后退色，能够使房间显得更为宽敞，在小房间和狭窄房间中使用蓝色，能够弱化户型的缺陷。

● C88 M79 Y53 K20　　● C54 M43 Y41 K0　　○ C0 M0 Y0 K0

　　案例中将静蓝色大面积涂刷在阳台的墙面上，让人感到轻松与舒心。除了墙面色彩，静蓝色还被运用到吧台，以及定制的木质台面上，形成了色彩的延续。搭配着灰色的地面、白色的吧台椅，整个空间给人的感觉沉静又治愈。

文森特·威廉·梵·高　《阿尔勒的老妇人》

C58 M39 Y32 K0

C98 M93 Y53 K27

C37 M22 Y41 K0

　　梵·高的这幅《阿尔勒的老妇人》，其头巾和衣衫中的蓝色是画作中的主要色彩。相对于浅淡的婴儿蓝色，加入了少量灰色的静蓝色依然带有高级感，但又多了一些沉静的味道。梵·高将这种色彩描绘在老妇人的衣衫之上，与人物的眼神、状态相呼应，平和中却有牵动人心的力量。

《老吉他手》是毕加索"蓝色时期"最著名的画作之一，整幅画面的色彩以不同纯度的蓝色为主，大面积的冷色调令画面充满了孤独的基调。画面中唯一具有色彩变化的是那把褐色调的吉他，但褐色中依然揉入了蓝色，使画面的整体调性没有被破坏。

巴勃罗·毕加索 《老吉他手》

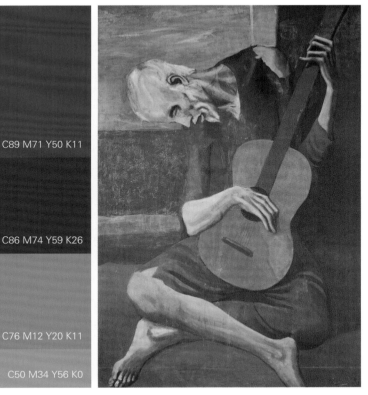

C89 M71 Y50 K11

C86 M74 Y59 K26

C76 M12 Y20 K11

C50 M34 Y56 K0

● C94 M86 Y52 K21 　　● C64 M36 Y18 K0
● C82 M49 Y26 K0 　　● C49 M54 Y49 K0

案例中尽管以蓝色为主色，但由于色调的变化丰富，并不显得寡淡。深浅不一的蓝色被统一在浊色调和暗色调之间，因此空间呈现出的氛围是理性而硬朗的，加之少量褐色的调剂，使之成为非常适合男性居住的空间。

文森特·威廉·梵·高
《天使半身像》

《天使半身像》是梵·高临摹自伦勃朗的一幅油画，这幅画作是梵·高最独特的作品之一。尽管梵·高也曾接触过宗教题材的画作，但《天使半身像》以其对蓝色的动态使用和细节刻画脱颖而出。整幅画面仿若沉浸在由宝蓝色营造的明暗海洋之中，也将天使的悲悯之心跃然纸上。

C93 M81 Y15 K0

C77 M54 Y25 K0

C70 M31 Y31 K0

● C92 M69 Y0 K0 　　● C47 M28 Y21 K0
● C78 M48 Y0 K0 　　● C73 M15 Y16 K0

● C100 M86 Y9 K0 　　● C73 M36 Y0 K0
● C86 M50 Y27 K0 　　● C22 M29 Y57 K0

将典雅、华美气质推向极致的宝蓝色，集艺术之大成，其轻盈华丽、魅惑优雅且极尽奢华，席卷于家居中的墙面时，整个空间就溢满了轻奢的韵味。再搭配一张天蓝色的丝绒沙发，犹如点睛之笔的运用，让空间的格调更上一层楼。

浓色调的宝蓝色少了几分清爽，多了几分理性，将这种色彩大面积运用在空间的背景色之中，低明度的色调不会令人觉得过于刺激，反而奠定出空间沉稳、冷静的基调。

哀愁而浪漫的紫色，是一首唯美的抒情诗

C58 M69 Y7 K0

C52 M59 Y27 K0

C25 M47 Y20 K0

克劳德·莫奈 《黄昏海边城堡》

莫奈可谓是最喜欢运用紫色的一位大师级画家了，在《黄昏海边城堡》这幅作品中，紫色成为画面中的全部配色，为画面笼罩上一层神秘而略带哀愁的氛围。同时，画中的紫色通过光影的明暗变化，形成了摄人心魄的艺术印象。

色彩密码

紫色所具备的情感意义非常广泛，是一种幻想色，既优雅又温柔，既庄重又华丽，是成熟女人的象征，但同时代表了一种不切实际的距离感。此外，紫色根据不同的色值，分别具备浪漫、优雅、神秘等特性。在室内设计中，深暗色调的紫色不太适合体现欢乐氛围的居室，如儿童房；另外，男性空间也应避免艳色调、明色调和柔和色调的紫色；而纯度和明度较高的紫色则非常适合法式风格等突显女性气质的空间。

用极光紫涂刷墙面，其明丽的色调与深邃的特质可以强烈地突显个性，展现出独特而强烈的视觉刺激效果。搭配布艺家具中具有深浅变化的紫色，形成了色彩上的协调统一，营造出的空间氛围既具有艺术化特征，又不显得疏离。

- C63 M70 Y12 K0
- C71 M79 Y47 K7
- C91 M89 Y39 K5

　　当吊顶和拱形窗中神秘的极光紫遇上砖墙上浪漫的薰衣草紫，营造出冷艳的室内氛围，这样的冷静感并不使人感觉疏远，反而带着一丝奇幻，越加令人想要一探究竟。突然出现在床品中的紫红色，如同闯入视线之中的精灵，使空间又增加了一层神秘感。

● C81 M79 Y53 K19　　　● C48 M49 Y25 K0
● C72 M100 Y48 K13

● C48 M61 Y20 K0　　　● C72 M82 Y63 K35
○ C0 M0 Y0 K0

　　卫生间用明度略高的薰衣草紫作为界面的配色，体现出一种成熟、优雅的女性美。搭配同样带有一种女性气息的花纹布艺沙发，整个空间弥漫着让人沉沦的法式浪漫情调。

褐色的沉静空间，诉说平和的宣言

C41 M60 Y78 K1

C32 M52 Y68 K0

C13 M26 Y38 K0

卡斯帕·大卫·弗里德里希 《格拉芙地貌》

这幅画作运用不同明度的褐色来塑造画面内容，由于色彩之间的明度差小，且不包含纯色，整幅画面给人一种朦胧感，透气性较差。但这幅画的神奇之处在于，并没有用厚重的褐色来渲染压抑的情绪，而是选用偏明色调的褐色，诉说着格拉芙地貌的苍凉感。

浅褐色作为墙面配色，可以产生醒目而镇定的效果，这种配色很适合追求简单居家生活的人群。浅褐色带来的放松和熟褐色具有的沉静融合在一起，弱对比的反差营造出一种来自荒原的情境。

用温馨、低调的浅褐色作为墙面的背景色，为空间奠定舒适、放松的基调。在吧台和顶面运用略深的熟褐色与之搭配，不仅为空间带来平衡感，而且营造出一种沉着、自然的氛围。

- C17 M19 Y24 K0
- C65 M80 Y85 K50
- C52 M66 Y73 K9

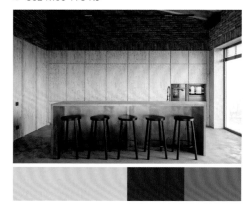

- C12 M14 Y17 K0
- C51 M66 Y78 K9
- C40 M49 Y55 K0

褐色又称棕色、赭色、咖啡色、茶色等，常使人联想到泥土，给人可靠、有益健康、自然、简朴的感觉。但从反面来说，褐色也会被认为有些沉闷、老气。在家居配色中，褐色常用在木质材料、仿古砖上，沉稳的色调可以为家居环境增添一分宁静、平和及亲切感。由于褐色所具备的情感特征以及表现的材料，使其非常适合用来表现乡村风格、欧式古典风格以及中式古典风格，也适合作为老人房、书房的配色，并且可以较大面积使用，为空间带来沉稳的感觉。

○ C0 M0 Y0 K0 　　● C54 M66 Y87 K15
● C61 M80 Y87 K45 　　● C43 M48 Y50 K0

乔治·莫兰迪 《静物》系列画之一

C66 M77 Y86 K49

C58 M63 Y80 K15

C51 M60 Y78 K6

莫兰迪的这幅静物画，在着色上和大家印象中的略有差别。莫兰迪没有采用具有高级感的浊色调做画，而是将带有大量黑色调的熟褐色涂刷在画面之上，让画面笼罩在一层沉稳、厚重的基调之中。

座椅中的熟褐色虽然占比不大，但作为空间中最重的色彩，为空间增添了几分沉稳感，再用白色墙面作为背景，采用的是经久不衰的温暖配色思路。在这样质朴、平和的氛围中，加入精致感极强的古铜金色墙面装饰，可以为空间增添几分现代色彩，也在视觉感受上营造出悦动的感官体验。

温暖橙色＋复古橙黄色，邂逅一段怀旧时光

C37 M52 Y89 K0

C3 M32 Y71 K0

C0 M0 Y0 K100

C29 M69 Y94 K0

弗朗斯·哈尔斯 《吉普赛女郎》

画面的背景是大块模糊的橙黄色系以及黑赭色系颜色，处理得写意而简略，起到了衬托人物主体的作用。画面上橙黄色的脸庞与橙色的套裙，色彩过渡自然、搭配协调，整个画面充溢着生命气息和乐观自信的精神气质。

● C30 M69 Y100 K0　● C62 M86 Y100 K55　● C52 M56 Y66 K2

阳台采用大面积的橙色乳胶漆涂刷墙面，并饰以带有褐色调的橙黄色做旧木质相框，与墙面进行了有效融合，加之墙面斑驳的质感与粗犷的仿古砖地面，整个空间散发出温暖而复古的氛围。

由名画作品引出的色彩概念

类似色对比

　　色相在色相环中色彩相距 15°～30° 的对比，是色相比较类似但成分已经不同的对比关系。例如，橙色与橙黄色的对比，虽然两个色彩给人呈现出的都是强烈的暖意感，但由于黄色成分的加入，色相之间出现了轻微的差异化，视觉层次显得更为丰富。

配色效果：这种配色方式依然属于保守型配色，但相对于同类色对比形成的稳定性，类似色对比更容易达成柔和、文雅、素净的效果，能够带来一丝轻快的视觉观感。

常用
类似色
对比

　　　　　　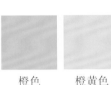

红色　　橙红色　　　　橙色　　橙红色　　　　橙色　　橙黄色

　　　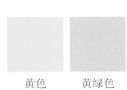　　　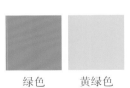

黄色　　橙黄色　　　　黄色　　黄绿色　　　　绿色　　黄绿色

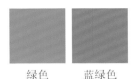　　　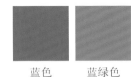　　　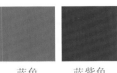

绿色　　蓝绿色　　　　蓝色　　蓝绿色　　　　蓝色　　蓝紫色

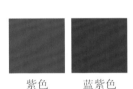　　　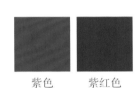　　　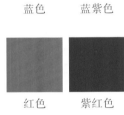

紫色　　蓝紫色　　　　紫色　　紫红色　　　　红色　　紫红色

自然又不失温暖的黄绿色调，让生机与暖意盈满一室

C69 M32 Y67 K0

C51 M50 Y100 K2

C22 M41 Y77 K0

克劳德·莫奈 《普维尔悬崖的晴朗天气》

画中的海面在晴朗的天气下，显露出蓝中带绿的奇幻色彩，悬崖上的草坪呈现出的黄绿色和海水的颜色为类似色对比，各具特色，又相辅相成。整个画面给人一种暖意，但又不乏生机与清爽。

　　厨房被笼罩在黄色调与绿色调之中，充满生机的同时，又具有温暖的视觉感受。淡黄色的橱柜作为主角出现，给人带来的视觉感受很舒适，而绿色调的餐具等物既具有实用性，又带有装饰感，一举两得。

- ◐ C9 M18 Y43 K0　　● C65 M47 Y93 K5　　● C41 M39 Y100 K0
- ● C64 M76 Y100 K47　○ C0 M0 Y0 K0

- ● C25 M33 Y80 K0　　　　● C9 M21 Y89 K0
- ● C23 M37 Y58 K0

　　黄绿色调的格纹壁纸起到装饰墙面的效果，仿佛跳跃的阳光，照亮了整个空间。器皿的颜色取自墙面中的黄绿色调，和背景墙的融合度很高，保证了空间氛围感的统一。

清新绿色 + 神秘蓝绿色，使人感受阵阵清凉

C59 M20 Y42 K0

C84 M57 Y80 K23

C81 M43 Y72 K3

克劳德·莫奈
《阳伞下右转身的女人》

这幅画中的女子为莫奈的妻子卡米尔，画中的人物形象很模糊，五官和表情都不清晰，但随着笔触堆叠的方向，可以感受到草原上吹拂的微风和女子丝巾上跃动的阳光。整幅画面的色彩在绿色和蓝绿色之间变幻，透出清新的味道，使人感受到阵阵清凉。

● C85 M50 Y83 K13
● C63 M40 Y90 K1
● C61 M33 Y39 K0
○ C0 M0 Y0 K0

卫生间墙面的上半部分，用绿色和蓝绿色相间的绿植壁纸进行设计，仿若将空间打造成一处秘密森林，充满了神秘气息。墙面下半部分和窗框部分采用蓝绿色系的木质护墙板和木作造型来塑造，加强了整个设计的统一感与协调性。

○ C0 M0 Y0 K0
● C75 M42 Y49 K0
● C83 M57 Y71 K19
● C50 M20 Y56 K0
● C32 M13 Y15 K0

绿色作为沙发配色，将自然的美好气息引入家中，搭配蓝绿色的单人座椅和抱枕，整个空间清新、透亮的气质一览无余。同时，窗帘的色彩主要为蓝色和蓝绿色相结合，令整个空间中的色彩在重复中带有变化，趣味十足。

梦幻蓝紫色+优雅孔雀蓝色，打造惊艳的感官世界

C39 M40 Y11 K0

C65 M54 Y8 K0

C60 M45 Y33 K0

克劳德·莫奈 《普维尔，海上的阴影》

在这幅画作中，莫奈运用蓝色和蓝紫色将海面与天空进行渲染，这些流动的色彩组合成一个统一的视觉印象，令画作的表面看起来似乎正在波动。尽管画作的着色并不复杂，但蓝色调之间的变幻足以打动人心。

● C54 M53 Y33 K0　　　　● C80 M93 Y33 K1
● C92 M62 Y48 K6

用带有灰色调的蓝紫色作为空间的背景色，奠定了空间神秘、梦幻的基调。再搭配一个孔雀蓝色的装饰柜，激发出惊艳众人的配色层次。两个颜色均带有冷感，产生的疏离调性，让人欲罢不能。

C68 M35 Y25 K0

C68 M49 Y8 K0

C31 M29 Y21 K0

莫奈的这幅《滑铁卢桥》呈现出奇特的既温暖又寒冷的景象。画面远处高耸的烟囱与模糊的建筑轮廓呈现出的灰蓝色，配合着稍近处的蓝紫色大桥，给人带来冬季阴冷的感觉。但水面的反光又与其形成鲜明的对比，巧妙地表现出光线在雾中和建筑上所产生的不同效果。

● C74 M65 Y35 K0　● C83 M47 Y32 K0　○ C0 M0 Y0 K0　● C31 M29 Y40 K0

将蓝紫色作为墙面的背景色，搭配孔雀蓝色的沙发，塑造出精致又冷艳的空间氛围。这样的空间带有欧式轻奢味道，适合追求高品质的居住者。

雅致紫水晶色＋魅力紫红色，成就叹为观止的艺术张力

C41 M53 Y16 K0

C52 M67 Y55 K3

C56 M52 Y17 K0

克劳德·莫奈 《日落时分的韦特伊》

　　这幅画作表现了韦特伊日落时分的情景，整个韦特伊小镇被笼罩在一片紫色之中，仿若被晚霞包裹，具有了梦幻的感觉。其间出现的紫红色既具有紫色的神秘感，又蕴含着红色的热情，丰富了整幅画面的色彩层次。

○ C0 M0 Y0 K0　● C73 M77 Y31 K0　○ C53 M80 Y22 K0　● C50 M89 Y97 K25

沙发和装饰画中的紫水晶色，为空间带来雅致感。再搭配紫红色作为点缀，既能与紫水晶色共同渲染空间尊贵、高雅的氛围，又不会显得凌乱，同时还可以将空间浪漫的情愫加以层次化展现。

● C71 M93 Y53 K21　● C0 M0 Y0 K100　○ C0 M0 Y0 K0　● C51 M100 Y79 K26

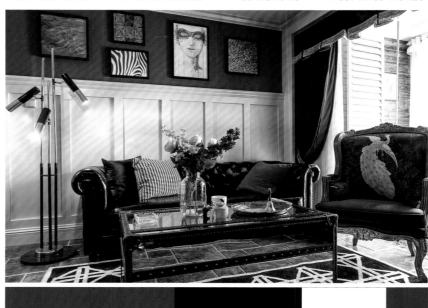

紫水晶色所蕴含的浓郁色泽和所包含的戏剧张力毋庸置疑。使用它作为空间背景色时，可以突显浪漫、深邃的气质。若选用紫红色与之搭配，可以轻易打造出时尚、摩登的效果。

大气中国红 + 醇厚熟褐色，完成最美的中式"妆容"

C52 M61 Y92 K9

C40 M87 Y99 K5

C66 M81 Y88 K54

周昉 《簪花仕女图》（局部）

　　《簪花仕女图》相传为唐代画家周昉绘制的一幅粗绢本设色画，在赋彩的技巧上，恰当地运用了红色和褐色，虽然图案重复却让人不觉得单调。整幅画面以褐色为背景色，带来浑厚的中式底蕴，仕女的衣裙上点缀以不同明度的红色，具有视觉上的跳跃性。

中国红作为最美的国风色调，是营造中式风格的绝妙色彩，典雅、庄严中透出火热的激情。搭配明度同样厚重的褐色系颜色，有一种浑然天成之感。将两种色彩蔓延到家居空间中，可以打造出大气、庄严的居室"妆容"。

- C31 M97 Y98 K1
- C50 M83 Y92 K21
- C37 M48 Y72 K0
- C0 M0 Y0 K100

- C59 M63 Y77 K14
- C65 M72 Y91 K41
- C45 M100 Y100 K14

降低了饱和度的酒红色，有一种低调、沉稳的气息；与同样稳重的熟褐色相搭配，令整个空间具有强烈的安全感。这两种色彩可以大面积铺陈在家居空间中，若再结合大量的木质造型，可以强调出空间的自然、温暖气息。

和煦蜂蜜黄＋静谧深褐色，
拒绝张扬，温暖的感觉刚刚好

C79 M88 Y89 K73

C40 M54 Y96 K0

C65 M88 Y96 K61

托马斯·庚斯博罗 《追逐蝴蝶的画家女儿》

画面的背景是深褐色的树丛，较为昏暗，与蝴蝶和两个儿童明亮的色彩形成强烈对比，很好地突出了主题。画面中最亮的色彩来自姐姐的黄色衣裙，在整个画面中仿若一束和煦的暖阳，将原本深暗的底色照亮。

C67 M75 Y85 K47　　　　C24 M22 Y82 K0　　　　C35 M31 Y38 K0

空间配色与《追逐蝴蝶的画家女儿》这幅画作有着异曲同工之处，大面积的深褐色背景将空间笼罩在静谧的氛围之中，而茶几、抱枕中的黄色则仿若跳动的光线，照亮了原本沉静的空间。

C71 M78 Y91 K59　　C50 M49 Y60 K0　　C0 M0 Y0 K0　　C12 M2 Y87 K0

蜂蜜黄和深褐色的搭配，是源自大自然的配色，是土地与落叶的配色。运用到家居空间之中，可以营造出宁和、质朴的氛围，既不会死板、没有重点，也不会太过个性，温暖的感觉刚刚好。

热情红色+活力橙色，激发夏日浓情

克劳德·莫奈 《桃子》

新鲜的桃子绝对是夏季的缩影，而莫奈用最具温暖感的红色、橙色和黄色来表达这一场景，暖色之间的碰撞，令整幅画面变得活力十足，而桃子的香气也仿佛从画面中散发出来。

色彩密码

红色和橙色都是属于阳光的色彩，同时出现在家居空间中，可以营造温暖的氛围。若以无色系中的白色、灰色作为背景色，而红色和橙色表现在软装之中作为点缀出现，则整个空间将更加适宜居住。

● C50 M93 Y90 K25 ○ C0 M0 Y0 K0
● C16 M57 Y73 K0

仅选取画作中的红色和橙色作为睡床区的配色，就足以将暖意与活力盈满一室。两个颜色相互成就，如同炙热燃烧的跳动火焰，一层层地向外蔓延，在空间中上演了一幕极具动感的热情画面。墙面的白色则有效地避免了暖色系的过度活跃，不动声色地演绎出动静皆宜的居家生活方式。

由名画作品引出的色彩概念

邻近色对比

色相在色相环中色彩相距 45°~60° 的对比，形成对比的色彩之间既有差异又有联系。例如，红色与橙色的对比，相同之处是都有红色的成分，不同的是红中无橙，而橙中有红。邻近色对比在整体上形成既有变化性又有统一性的色彩魅力，在实际运用中容易搭配且具有丰富的情感表现力。但若需要表现画面的丰富感，仍需加大明度和纯度的对比。

配色效果：这种配色关系的色相幅度虽然有所扩大，但仍具有稳定、内敛的效果，形成的画面感比较统一、协调、耐看，虽不会太活泼但也具有层次感。

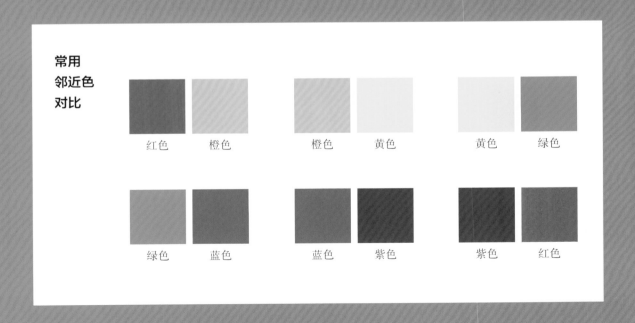

黄色与绿色搭配，彰显旺盛生命力

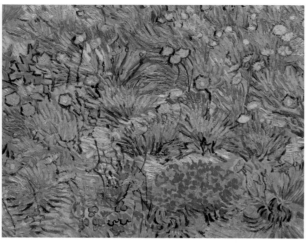

C68 M51 Y100 K10

C47 M34 Y78 K0

C20 M19 Y84 K0

文森特·威廉·梵·高
《田野中的蒲公英》

　　梵·高用绿色和黄色来表现田野中的蒲公英，大面积的绿色彰显出旺盛的生命力，黄色的花朵如同点点阳光照亮了田野。整幅画面的配色简洁、有力，却直击人心。

● C15 M23 Y66 K0　　● C92 M63 Y100 K49
● C75 M52 Y91 K14　　○ C8 M7 Y11 K0

　　设计方案借鉴了《田野中的蒲公英》这幅画作中的色彩及色调。将微浊色调的黄色作为背景色用于家居墙面中时，仿佛整个空间都被暖阳包围。再使用富有生命力的绿色作为空间中的搭配色，一派法国南部田野的风情，就这样在眼前明艳起来。

克劳德·莫奈
《草地上的卡米尔》

身着白裙的卡米尔置身于一片
花海之中，其身影几乎被绿色植物
所掩盖。画面着重表现出春日田野
的生机勃勃，其中花草以快速的笔
触书写，黄色的花朵和绿色的叶片，
激发出一种快乐的感觉。虽然画面
中的黄色和绿色均降低了饱和度，
但色彩之间的组合依旧充满了春日
的生机。

C81 M56 Y74 K18

C34 M33 Y80 K0

C28 M19 Y17 K0

● C29 M40 Y75 K0　　● C79 M34 Y84 K0
● C0 M0 Y0 K100

● C76 M53 Y81 K15　　○ C0 M0 Y0 K0
● C58 M59 Y71 K8　　● C13 M29 Y75 K0

空间配色以黄色和绿色为主，上半
部分的黄底仙鹤壁纸极具装饰效果，令
整个空间"活"了起来，下半部分的绿
色护墙板不论是材质，还是色彩，均表
达出自然气息，与壁纸的色彩搭配相宜。

将降低了饱和度的墨绿色沙发作为空间中的主角，传递出浓
郁的复古气息。再搭配浊色调的黄色抱枕做点缀，起到提亮空间
的作用。另外，空间中用褐色和灰白色作为背景色，中性色的运
用不会打破空间所表达的沉稳基调。

蓝色与绿色搭配，带来无限生机的超凡色彩

C65 M33 Y66 K0

C35 M27 Y59 K0

C87 M64 Y41 K2

文森特·威廉·梵·高
《第一步》

《第一步》这幅画作中大量运用的是偏浅淡的绿色，相对大面积的蓝色来说清冷感降低，更多地显现出生命的活力，其间搭配的蓝色也是比较清浅的色调，整幅画面给人带来的清新感更加强烈，也在一定程度上表达出家庭的温馨。

● C30 M19 Y39 K0 　 ● C39 M24 Y21 K0 　 ● C64 M38 Y90 K0

清浅的绿色温柔得像春日里的微风，为家居空间带来清新的气息，作为空间中大面积的背景色，观之悦目又可以令身心放松。另外，卧室中的软装大多为不同色调的蓝色，深浅之间的变化如同波光潋滟的湖水，散发着自然的魅力。

色彩密码

　　蓝色＋绿色的配色组合，适合表达清新、深幽等的主题氛围，也能够带来令人放松的情境。在室内设计的色彩搭配中，这两种色彩中的任何一个均可以作为主色，而另一种颜色作为搭配色出现，可以很好地衬托主色，又与主色的协调感较高，配色感觉十分舒适。

- C90 M61 Y100 K43
- C78 M62 Y58 K13
- C76 M48 Y100 K10
- C62 M56 Y62 K5

　　墙面用浓色调的墙砖为空间营造出茂盛丛林的味道，深浅不一的色彩，仿若阳光穿过的丛林，让人感受到来自原始的神秘。与之搭配的橱柜色彩，如同来自深海，深海与丛林相遇，创造出大自然的神奇景观。

文森特·威廉·梵·高 《阿尔芒·鲁林》

C81 M46 Y96 K7

C90 M79 Y63 K40

C93 M72 Y54 K18

　　在《阿尔芒·鲁林》这幅画作中，梵·高依然利用绿色作为背景色，但由于采用的为浓色调的洋蓟绿色，相对于浅淡的绿色背景，会令画面产生一种稳定感。画中人物在帽子和服装的着色上，采用的为浓色调的蓝色，与背景形成色调上的统一。整幅画作从人物的神态、表情，到整体配色，都传达出稳重、安定的感觉。

C87 M78 Y38 K2

C75 M56 Y85 K20

C71 M50 Y24 K0

C84 M83 Y96 K21

文森特·威廉·梵·高　《白云下的橄榄树》

　　《白云下的橄榄树》这幅画作中，构图可以明显地划分为四层：土地、橄榄树、山脉、天空，四者在颜色上形成鲜明的对比。其中，画面中的深蓝色占比较多，搭配色调同样偏深暗的绿色树木，整幅画作将幽静、神秘的气息渲染得十分浓郁。

○ C0 M0 Y0 K0　　● C90 M82 Y65 K46
● C79 M64 Y100 K45　● C48 M53 Y63 K1

　　暗沉的蓝色作为壁炉的配色，能够突显出坚毅、硬朗的空间特点。同时利用墨绿色的丝绒沙发与之搭配，为空间增添兼具轻松感和理智感的氛围。最后加入白色进行调和，营造出温馨感，使空间配色统一而具有层次。

● C90 M72 Y45 K6　　● C83 M65 Y78 K40
● C73 M72 Y76 K45　　○ C0 M0 Y0 K0

　　深暗的蓝色充满了沉默而理智的疏离感，用于餐厅与厨房之间的布艺软隔断中，打造出如同夜晚般成熟、冷静的氛围。为了不破坏这种空间基调，与之搭配的大面积色彩，如墨绿色也保持在暗色调的范围中。

克劳德·莫奈 《阿让特伊铁路桥》

C36 M12 Y4 K0

C31 M19 Y12 K0

C33 M18 Y61 K0

克劳德·莫奈 《昂蒂布下午的景色》

C42 M16 Y15 K0

C78 M59 Y21 K0

C72 M40 Y62 K0

C23 M12 Y17 K0

　　《阿让特伊铁路桥》和《昂蒂布下午的景色》均是莫奈的作品，并在色彩的运用上有着异曲同工之妙。纯净的天空蓝色作为背景色透气性很高，给人带来清爽气息。另外，在《阿让特伊铁路桥》这幅画作中，莫奈运用浅淡的绿色草坪、树木与纯净的天空搭配，加之人物和帆船元素，为画面带来了很强的故事性。而在《昂蒂布下午的景色》这幅画作中，将绿色表现在了微风吹拂下的粼粼波光之中，所形成的变幻莫测的色彩令人着迷。

　　相对于深暗的蓝色，清浅的蓝色更能塑造出空间的清透感，用其作为墙面背景色，令人仿佛置身于夏日的海边，感受阵阵清凉。沙发中的蓝色相对于背景色略深，但依然保证在明色调的范围之内，与墙面拉开色彩层次的同时，与空间的氛围感依旧融合。抱枕和灯具中的小面积绿色则在一片蓝色的海洋中脱颖而出，用笔不多，却足够吸睛。

● C37 M27 Y23 K0　　● C60 M33 Y29 K0　　● C76 M53 Y48 K1　　● C65 M29 Y58 K0

C82 M56 Y25 K0

C67 M42 Y100 K2

C49 M36 Y100 K0

C95 M85 Y5 K0

莫里斯·丹尼斯 《蓝衣女人》

在丹尼斯的《蓝衣女人》这幅画作中，绿色和蓝色的占比基本是平衡的，加之两种色彩的色调均在浓色调的范围内，因此画面兼具了自然和深幽的氛围。女人衣裙中的蓝色和背景天空的颜色呈同类色对比，协调中又不失变化；而树木中的绿色则更加变化多端，魅力十足。

浓色调的蓝色作为墙面背景色，与苍绿色沙发构成了空间中的主要配色，两者搭配相宜，体现出理性而深沉的空间氛围。

- ● C85 M67 Y49 K9
- ● C70 M54 Y94 K15
- ● C75 M76 Y58 K23
- ○ C0 M0 Y0 K0

- ● C89 M57 Y37 K0
- ● C27 M13 Y13 K0
- ● C75 M32 Y90 K0

从餐厅的一角便可得知整体空间的配色是清爽而宜人的。蓝色和绿色塑造出的空间，加之木材的大量运用，使得自然气息呼之欲出。在这样的空间中进餐，心情也随之放松起来。

提取《千里江山图》中的石青色与石绿色，将其在空间的布艺软装中呈现，仿若将中国古画中的自然山水"搬"入家中，为居室营造出一种天然之美。这样的配色关系在空间的布艺搭配中十分适用，和谐又充满灵动之美。

C14 M14 Y18 K0　　　C58 M39 Y85 K0
C94 M79 Y48 K13　　　C37 M50 Y69 K0

《千里江山图》是宋代青绿山水画中具有突出艺术成就的代表作。在用色和笔法上继承了隋唐以来的"青绿山水"画法，即以石青（蓝绿色）、石绿等矿物颜料为主。画面中的山峦虽然以蓝绿色和绿色为主色调，但在施色时注重手法的变化，色彩或浑厚，或轻盈，使画面层次分明，色彩如宝石般光彩照人。

王希孟 《千里江山图》

C60 M26 Y64 K0

C45 M53 Y84 K1

C77 M44 Y20 K0

蓝色与紫色搭配，讲述难以言说的浪漫情调

C18 M5 Y0 K0

C29 M37 Y0 K0

C36 M47 Y18 K0

克劳德·莫奈 《威尼斯大运河》

　　《威尼斯大运河》这幅画作是莫奈发挥印象派技法，表现水城威尼斯梦幻、迷蒙的流光倒影的经典之作。画面中将粉蓝色与玫紫色交叠使用，由于两个色彩之中都带有红色的因子，使画面展现出一种迷人的梦幻之感。

如果紫色和蓝色作为墙面色彩时面积过大，且后期不好调整，则不妨将这两种摄人心魄的色彩用于布艺软装之中，经过布艺材质的"过滤"，可以将这两种原本有些冰冷的色彩变得柔和起来，同时还不会妨碍空间优雅、清爽的基调表达。

- C77 M80 Y50 K13
- C25 M20 Y29 K0
- C80 M51 Y36 K0
- C58 M60 Y52 K2

- C51 M52 Y34 K0
- C85 M69 Y46 K6
- C0 M0 Y0 K0

当雅致的紫灰色遇上冷静的代尔夫特蓝，营造出冷艳的室内氛围，但这样的冷静感并不使人感到疏远，反而带着一丝奇幻，让人心驰神往。

色彩密码

蓝色和紫色的搭配，清爽中透露出理性。若蓝色的使用面积较大，空间的清爽、通透感会更加强烈；若紫色作为背景色，则能增强空间的稳定性，并且容易产生带有艺术感的居室氛围。

成熟酒红色+优雅暗紫色，
将尊贵与大气倾泻而出

C51 M94 Y92 K28

C64 M64 Y41 K1

C88 M84 Y73 K62

C5 M4 Y5 K0

《凯瑟琳·曼蒂丝，白金汉宫公爵夫人》 彼得·保罗·鲁本斯

在这幅画作中，运用暗色调与浓色调相间的红色作为背景色，营造出情绪波动的画面氛围。画中的公爵夫人身着暗紫色的衣裙，华贵中透露出强大的气场。红色与紫色搭配，彼此衬托，相互成就。

色彩密码

紫色自带一种深邃的气息，搭配热情的红色系颜色，两者结合可以为空间增添明丽的情绪。若采用纯度较高的紫色和红色相搭配，整体空间更显活力、个性；若采用降低了明度的紫色和红色，空间则散发出浪漫、优雅的气息。

● C75 M81 Y67 K44　○ C0 M0 Y0 K0　● C58 M94 Y84 K48　● C0 M0 Y0 K100

利用暗紫色作为墙面配色，体现出一种成熟、优雅的理性美。局部应用的酒红色在色彩气质上与暗紫色一脉相承，两者相辅相成，塑造出大气而精炼的空间氛围。

● C36 M27 Y30 K0　● C47 M56 Y66 K1　● C73 M83 Y64 K38　● C50 M88 Y81 K21

暗色调的紫色少了一些浪漫，多了一分复古，演绎深沉，诠释魅力，仅小面积地运用在门框的配色之中，就足够吸睛。除了暗紫色，空间中的酒红色电视柜也不甘落后，激发出整体空间的含蓄美感。

活力红色＋热情黄色，演绎色彩的速度与激情

C13 M91 Y94 K0

C9 M12 Y32 K0

C6 M18 Y82 K0

C0 M0 Y0 K100

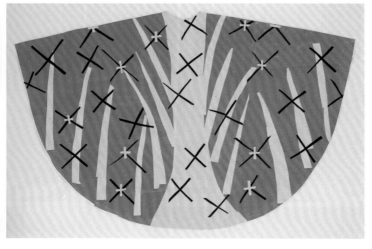

亨利·马蒂斯
抽象画系列之一

马蒂斯的这幅抽象画，画面以米色作为背景色，用红、黄、黑三色勾勒出具有象征意义的图形，整体画面简洁、醒目。另外，由于红色和黄色占据了画面的中心位置，且面积较大，因此画面的视觉冲击力较强。

○ C0 M0 Y0 K0　　● C9 M95 Y84 K0　　● C26 M13 Y69 K0

用红色作为厨房墙面的主要配色，可以给人留下热情的视觉印象。再用同样充满激情的亮黄色地砖与之搭配，令整个空间仿若笼罩在一片暖阳之下，使人心情愉悦。

色彩密码

红色和黄色都是属于阳光的色彩，两者结合可激发出空间的活力、愉悦之感，居住在此，心情也会随之变得明亮起来。这两种色彩的出现，让整个空间的温度升高不少，但为了避免形成过于亢奋的空间基调，可以用白色来为空间降温。

巴勃罗·毕加索
《公牛图》

毕加索的这幅《公牛图》中，仅用红黄两色来塑造画面内容，手法更加简洁，但由于中差色本身即具有吸睛作用，因此整体的画面感并不单调。另外，以红色作为背景色，公牛的造型用黄色线条勾勒，这样的画面具有一种高级感。

C27 M78 Y80 K0

C20 M25 Y90 K0

当热烈的红色遇到明亮的黄色，注定可以上演一出让人心潮澎湃的剧集。空间中以红色作为墙面主色，黄色作为搭配色彩，两种色彩的碰撞令人眼前一亮。红色的大面积使用，使空间的视觉吸引力更加强烈。

● C28 M80 Y81 K0　　● C59 M62 Y60 K6　　○ C16 M23 Y89 K0

C41 M86 Y55 K1

C32 M58 Y81 K0

C27 M41 Y86 K0

C17 M52 Y33 K0

C18 M93 Y75 K0

马克·夏加尔
《男子与羊》

夏加尔的《男子与羊》这幅画作，同样是采用红、黄两色作为主要色彩，但由于两种色彩的饱和度均有所降低，因此画面的刺激感并不强烈。另外，红、黄两种颜色在男子、羊、房子等物象中呈现，加之太阳、月亮等元素的衬托，整个画面的童话韵味跃然纸上。

● C28 M59 Y49 K0　　● C15 M28 Y49 K0　　○ C0 M0 Y0 K0

方案中的色彩借鉴了夏加尔《男子与羊》的色调，用提高明度、降低饱和度的红色作为墙面配色，降低了空间的燥热感，给人带来温暖又不失雅致的视觉感受。与之搭配的黄色同样采用了微浊色调，色彩搭配既有对比，又不会显得突兀。

由名画作品引出的色彩概念

中差色对比

　　色相在色相环中色彩相距 90°左右的对比。色相差异较为显著，如两种原色或两种间色之间的差异。

　　配色效果：这种色相关系具有一定的色彩对比差异，处理得当很容易达成统一、和谐，同时又不失对比、变化，色彩效果醒目、强烈、生动，可以形成令人兴奋的画面感。

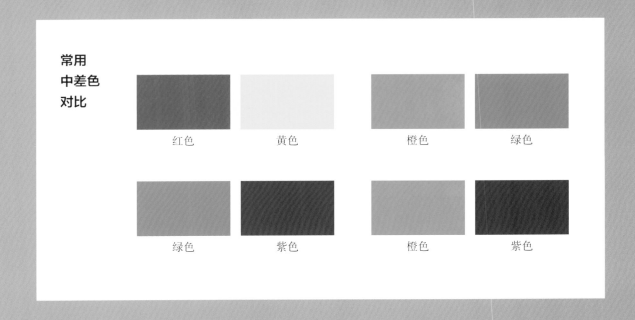

常用
中差色
对比

红色　　　　黄色　　　　橙色　　　　绿色

绿色　　　　紫色　　　　橙色　　　　紫色

橙色与绿色的碰撞，带来超强色彩感染力

C5 M7 Y16 K0

C74 M24 Y100 K0

C17 M75 Y93 K0

C71 M25 Y60 K0

C1 M50 Y84 K0

但丁·加百利·罗塞蒂 《伊丽莎白·西德尔》

　　在这幅画作中，罗塞蒂运用饱和度较高的翠绿色作为背景色，再结合西德尔上衣中的松绿色，满满的生机感仿佛溢出画面。另外，西德尔橙色的秀发在画作中格外引人注目，与背景色之间形成了强烈对比，这样的配色极具感染力。

○ C0 M0 Y0 K0
● C14 M57 Y68 K0
● C65 M36 Y50 K0

　　卧室墙面运用橙色、绿色和白色塑造，橙色与绿色形成的对比，为居室带来了引人注目的效果，而白色则很好地将两种色彩进行衔接，使之对比感不会过于唐突。加之床品、窗帘中的橙色表现，与墙面出现的橙色形成了呼应，整个空间的配色整体感很强。

● C59 M37 Y86 K0
● C22 M76 Y94 K0
● C0 M0 Y0 K100
● C79 M58 Y100 K30

　　墙面中的浅灰绿色花纹壁纸，为空间带来了生机，其带有灰色调的色彩又不会显得过于刺激。空间中的软装配色选取了纯度略高的太阳橙色和果绿色，起到点亮空间的作用，中差色对比的形式，更具观赏力。这样具有活力又清爽的配色，营造出令人愉悦的居家环境。

C31 M91 Y100 K1

C63 M60 Y100 K19

C17 M65 Y91 K0

但丁·加百利·罗塞蒂 《菲娅美达的幻象》

《菲娅美达的幻象》这幅画作同样是罗塞蒂的作品，在着色的选取上，与《伊丽莎白·西德尔》这幅画作一样，均以橙色和绿色为主，不同的是，浓色调的运用使这幅画作显得更加沉稳，也将画作中菲娅美达的忧郁感表现出来。

当带有一丝深意的秋橙色遇上了复古绿色，使人仿佛置身于奇妙的秋日森林，充斥着神秘与野趣。有了这两种颜色，即使空间中的背景色是最简洁的白色，也能为家居带来具有时代特征的田园诗意。

大面积的复古绿色在墙面上出现时，将古典主义与色彩表达进行了结合，加深了色彩的深度。秋橙色的丝绒沙发，无论是色彩还是质感，均与复古绿色搭配相宜。而墙面上的装饰图案则非常巧妙地涵盖了复古绿色和秋橙色这两种颜色，灵动而曼妙。

- ● C82 M62 Y65 K29
- ● C19 M64 Y83 K0
- ● C66 M59 Y87 K19
- ● C51 M49 Y39 K0

- ○ C0 M0 Y0 K0
- ● C42 M77 Y100 K6
- ● C86 M64 Y70 K30

文森特·威廉·梵·高
《自画像》

这幅自画像以暗浊色调的橙色和绿色来描绘。一般来说，以绿色作为背景色往往会带来生机感，但在这幅画作中，加入了大量灰色调的绿色，使画面仿佛受到了压制，产生一种疏离感。加之人物上衣的秋橙色运用，整幅画作给人的感觉是复杂的，有些哀愁，却又透露出希望。

备注：梵·高的大部分自画像是在1886~1888年于巴黎创作的，当时他很穷，无法请到模特，因此，他画了自己。

C43 M4 Y65 K0

C51 M15 Y71 K0

C35 M57 Y78 K0

当深浅不一的绿色大面积出现在空间中时，为居室带来了一分生机，其间搭配的秋橙色，令温暖与舒适如期而至，温润的色调丝毫不会打破空间的整体氛围，反而令人仿佛采撷到秋日里即将逝去的最后一抹温柔，心存感动。

● C56 M37 Y51 K0　● C54 M22 Y54 K0　● C19 M58 Y93 K0

紫色与绿色的相遇，谱写魅力新传奇

在《粉红睡莲》这幅作品中，莫奈别出心裁地通过紫色和绿色两种色彩来构筑画面的主要内容，低饱和度的色调给人一种神秘、幽深感。这样的色彩运用，可谓是十分大胆，却也足以令人为之惊叹。

● C62 M79 Y20 K0　　● C78 M61 Y100 K37
● C47 M58 Y72 K2

克劳德·莫奈 《粉红睡莲》

○ C0 M0 Y0 K0　　● C81 M66 Y86 K46　　● C45 M42 Y39 K0
● C57 M70 Y54 K5　　○ C27 M36 Y41 K0

当紫色既作为墙面背景色，又作为床品的配色时，绝对的面积优势，大幅提升了空间的色彩表现力。再加之用带有光泽感的绿色进行调剂，艺术化居室就这样轻易地被塑造出来。

色彩密码

紫色和绿色皆属于中性色，搭配起来既和谐，又不乏色彩对比带来的层次变化。绿色系颜色的使用可以为空间增添生机盎然的气息，而神秘的紫色系颜色则能够使空间充满个性与魅力。

在以白色、灰色和褐色为主色的空间中，最引人注目的莫过于紫色和绿色的碰撞。虽然运用的是低饱和度的色调，但依然足够惊艳。

左侧色块标注：
C64 M63 Y44 K1
C75 M86 Y51 K17
C45 M23 Y36 K0

● C86 M65 Y81 K43 ● C58 M37 Y71 K0
● C71 M77 Y41 K3

这幅画作以对角线的形式进行构图，画面的斜上部分以绿色的树木为主，苍翠的色彩充满了深意。画面的斜下部分则以不同深浅的紫色笔触，来表现花朵在树下，经过斑驳的光线照射呈现出的变化莫测的色调。整幅画面给人的感觉是鲜活并充满生命力的。

克劳德·莫奈 《吉威尔尼花园》

方案中将暗浊色调的绿色体现在墙面与顶面之中，加之翠绿色的植物以及黑色豹子的装点，塑造出丛林的感觉。浴缸选取了暗浊色调的紫色，在空间中独树一帜，创意满满。

C61 M71 Y28 K0

C73 M40 Y68 K1

C27 M36 Y18 K0

C58 M32 Y67 K0

浓情紫色与橙色，
创造神秘奇幻的艺术乐园

C32 M39 Y0 K0

C78 M79 Y0 K0

C5 M36 Y79 K0

C26 M73 Y96 K0

克劳德·莫奈 《东城的一角》

　　画面中的天空和大海一反常规，没有选择用蓝色调来渲染，而是运用了紫色调来呈现，为画面带来了梦幻色彩。画面中的房子则运用了偏暖的橙色调，和紫色形成了色彩层次上的对比。由于两种极端色彩的相遇，使画面具有了一种艺术氛围。

　　橙色大面积出现在背景墙上，令空间洋溢着一种度假的感觉。紫色的椅子仿佛跳动的音符，调节着空间节奏，将活力无限的情绪蔓延到家居角落。

● C23 M75 Y83 K0　　● C67 M97 Y50 K13　　● C33 M46 Y87 K0

● C75 M90 Y60 K36　● C91 M89 Y62 K43　● C22 M62 Y99 K0

　　将加入了黑色调的蓝色作为客厅背景色，紫水晶色用于沙发配色，奠定出居室的艺术基调。橙色在空间中作为点缀色出现，穿插在抱枕、装饰画之中，起到提亮和丰富空间的作用。

● C51 M49 Y17 K0　　　　● C42 M87 Y100 K7

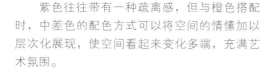

　　紫色往往带有一种疏离感，但与橙色搭配时，中差色的配色方式可以将空间的情愫加以层次化展现，使空间看起来变化多端，充满艺术氛围。

红色与蓝色的碰撞，
一半是火焰、一半是深海

C93 M89 Y50 K20

C89 M81 Y35 K2

C78 M58 Y20 K0

C16 M92 Y87 K0

文森特·威廉·梵·高
《嘉舍医师的画像》

　　将暗色调的蓝色作为墙面背景色时，奠定出深邃又沉静的空间基调。酒红色的单人丝绒沙发，在深蓝色的背景衬托下，具有了故事性。整个空间中的大面积配色虽然采用的是对比色，但由于被统一在暗色调的范围内，视觉效果比较舒适。

● C97 M93 Y62 K48　　　　● C77 M44 Y40 K0
● C50 M100 Y100 K31　　　 ● C31 M54 Y74 K0

　　画面中的人物沿对角线呈倾斜姿势，从画布左上角至右下角贯穿整个画面，并以此为分界线来构筑画面的色彩，人物和背景的颜色均为偏暗的蓝色系，加之嘉舍医师深思的表情，使整幅画作呈现出一种忧郁情思。画面左下方的红桌在以深蓝色为主的画面中显得相当突兀，但也由此加强了画面的对比。

● C94 M79 Y38 K3
● C40 M100 Y92 K2
● C86 M67 Y76 K41
● C67 M76 Y82 K47

　　在大面积的暗蓝色背景墙前，突然出现的红色壁炉仿若一团火焰，将空间中的活力激发出来，令原本有些冷硬的空间变得生动起来。

● C83 M73 Y42 K4
● C50 M93 Y81 K22
● C57 M64 Y78 K14

　　定制书柜的配色富有创意，先用暗蓝色作为书柜外部和框架的配色，符合书房追求理性的特质。再将书柜内格的色彩表现为酒红色，与暗蓝色形成色彩对比，丰富了整个墙面的配色层次。

C97 M87 Y51 K21

C38 M93 Y77 K3

C0 M0 Y0 K100

但丁·加百利·罗塞蒂
《穿蓝色丝绸连衣裙的简·莫里斯》

依旧是浓色调的红蓝搭配，但在罗塞蒂的这幅画作中，将红色作为背景帷幔的配色，蓝色作为莫里斯衣裙的配色，红色的面积优势令画面看起来比较醒目，但蓝色的主角位置适当压低了红色的喧闹感，使整幅画面的稳定性更好。

将浓色调的红色作为墙面配色，具有丰富、浓郁的质感，表现出兼具成熟和华丽的氛围。再选用与主色成对比的宝蓝色单人座椅作为搭配，使空间有了微弱的开放感，避免了以暖色为主色时造成的沉闷感。

● C49 M96 Y93 K24　　● C52 M64 Y88 K11
● C91 M73 Y59 K57

对比色对比

　　色相在色相环中色彩相距 120° 左右的对比，这种对比由于色彩距离较远，在视觉上互相冲突，色相之间缺乏共性，因此色彩性格差异很大，属于不易调和的色彩。

　　配色效果： 这种色相关系的对比效果鲜明、强烈、刺激，容易使人兴奋、激动。但若画面效果处理不当，易显得刺眼、凌乱，滋生烦躁情绪。

常用
对比色
对比

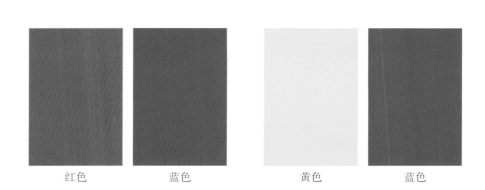

| 红色 | 蓝色 | 黄色 | 蓝色 |

蓝色与粉色相遇，营造甜美、治愈的少女梦境

C51 M36 Y28 K0

C67 M42 Y34 K0

C25 M51 Y46 K0

克劳德·莫奈 《雾气笼罩的滑铁卢桥》

　　莫奈利用纯粹的色彩来表现晨曦薄雾中的滑铁卢桥，这座桥的色彩几乎看不见，似乎是从朦胧的地平线中出现，与背景的蓝色天空与海水融为一体。红色的太阳在薄雾的笼罩下，其耀眼的光芒被掩盖，呈现出淡淡的粉红色，并将这一色彩映射在水面上。整幅画面中的色彩没有边界，融合感很强。

- C34 M17 Y17 K0
- C67 M44 Y38 K0
- C0 M0 Y0 K0
- C28 M35 Y19 K0

　　想要摆脱粉色过于稚嫩的印象，只想保留住温柔的感觉，可以尝试与浅色调的灰蓝色搭配。原本清爽的蓝色调中加入灰色，减弱了硬朗的感觉，与同样带有一点灰色调的淡山茱萸粉色组合，营造出恬然、安静的空间氛围。

- C22 M9 Y8 K0
- C77 M50 Y39 K0
- C17 M32 Y17 K0
- C8 M15 Y19 K0

　　淡雅的婴儿蓝色作为墙面背景色，渲染出清爽的基调，再利用不同纯度的蓝色进行搭配，更显清爽。而那一抹甜美、梦幻的樱花粉，激发出婴儿蓝色所具有的文艺又浪漫的因子，将空间打造成一个充满治愈力量的少女梦境。

蓝色与黄色搭配，成就经典之下的时尚活力

C93 M90 Y51 K22

C78 M58 Y26 K0

C32 M24 Y65 K0

C39 M38 Y94 K0

《星空》这幅画作中呈现出两种线条风格，一种是弯曲的长线，另一种是破碎的短线。两者交互运用，使画面呈现出炫目的奇幻景象。另外，画面以蓝色为主调，并且采用与蓝色互补的黄色作为星光，清晰的笔触，流畅的线条，使天空中的元素浑然天成，表现出极强的印象色彩。整个画面着色搭配协调，浓淡相宜，深浅适中，很好地配合了画中迷幻的意象世界。

文森特·威廉·梵·高 《星空》

C100 M100 Y60 K38

C53 M33 Y0 K0

C33 M34 Y80 K0

C30 M7 Y56 K0

文森特·威廉·梵·高
《罗纳河上的星空》

梵·高的另一幅画作《罗纳河上的星空》，同样运用蓝色和黄色两种色彩完成，但由于线条的笔触更加柔和，画面的氛围感也趋于平静。点点的星光、粼粼的波光，以及遥遥的灯光相映成趣，成为画面中极具表现力的用色。

● C88 M76 Y30 K0
● C19 M12 Y76 K0
● C6 M6 Y4 K0

　　空间中的色相大致被统一在蓝、黄两色之间，墙、顶、地三大界面借由这两种色彩来塑造，尤其是顶面，在一片深蓝中出现的点点黄色，闪耀如星辰。整个空间的配色犹如将梵·高的《星空》搬入了家中。

色彩密码

　　黄色与蓝色的搭配，可以塑造出经典的撞色，带来强烈的视觉体验。但相较红绿对比色，这组色彩搭配带来的碰撞并不跳跃，更易被人接受。

● C95 M76 Y35 K0　　　● C20 M26 Y87 K0　　　● C0 M0 Y0 K100

　　用深蓝色作为空间中的主色调，带来大气与典雅的氛围，再用一点点黄色点缀，就能够焕发出时尚的活力，既不会打破稳重的高级感，又不会过于沉闷。

C46 M19 Y21 K0

C54 M18 Y10 K0

C6 M4 Y15 K0

C10 M24 Y52 K0

莫奈的《阿姆斯特丹的海》这幅画作中同样以蓝色为主色，但相对于梵·高的《星空》，在用色方面更加浅淡，使画面呈现出的基调是干净、通透的。体现在帆船上的黄色，同样明度相对较高，与天空和大海的蓝色融合得恰到好处。

克劳德·莫奈 《阿姆斯特丹的海》

○ C0 M0 Y0 K0 　● C67 M37 Y29 K0 　● C76 M40 Y48 K0 　● C37 M13 Y20 K0
● C19 M31 Y82 K0 　　　　　　　　　 　● C21 M27 Y81 K0 　● C31 M24 Y24 K0

　　空间中的软装配色由天空蓝色和明黄色构成，让整个空间沉浸在清亮而通透的氛围之中。在如此明朗、纯粹的色彩搭配之间，运用白色进行连接，使愉悦、爽朗的好心情悄无声息地蔓延在心间。

　　明亮的蓝色作为空间的主色，传达出梦幻感，而高明度的亮黄色仿若跳跃着的步伐，并无规律可言的出现方式，反而比大面积平铺更让人惊喜。

○ C0 M0 Y0 K0　● C96 M76 Y56 K22　● C97 M80 Y34 K1
● C24 M19 Y23 K0　● C25 M44 Y93 K0

　　当优雅高贵的宝蓝色遇上精致堂皇的金黄色，可以奠定奢华、高贵的空间氛围。一冷一暖的对比搭配，将蓝色的冷淡和金色的温暖冲淡，仅留下恰到好处的精致，不会因太过强烈而变得沉重老气，而是具有更加轻快、优雅的轻奢感。

　　在《勃罗日里公爵夫人像》这幅画作中，安格尔将蓝色和黄色主要表现在公爵夫人的衣裙上，由于衣裙的质感为光滑的丝绸，这两种颜色仿若也具有了光泽感，令原本加了灰色调的色彩也不会显得暗淡，而是变得非常具有吸睛效果，色彩感十分真实。

让·奥古斯特·多米尼克·安格尔
《勃罗日里公爵夫人像》

C31 M73 Y35 K1

C75 M66 Y79 K37

C21 M25 Y66 K0

C20 M18 Y24 K0

C100 M96 Y56 K22

C18 M21 Y59 K0

约翰内斯·维米尔 《倒牛奶的女仆》

C0 M0 Y0 K100

C25 M39 Y68 K0

C16 M22 Y44 K0

C74 M50 Y18 K0

约翰内斯·维米尔
《戴珍珠耳环的少女》

《倒牛奶的女仆》和《戴珍珠耳环的少女》是维米尔非常具有代表性的两幅作品，这两幅作品在用色上具有一定的相似之处，也许是维米尔受到当时传入欧洲的中国青花瓷色彩的影响，他常将青花瓷中的蓝色与黄色进行组合。其中，《倒牛奶的女仆》这幅画面中，最为闪亮的两块颜色是女仆上衣的黄色和围裙的钴蓝色，这种纯色的处理让画面具有清晰、明快的效果，洋溢着浓厚的生活气息。

《戴珍珠耳环的少女》则描绘了一位身穿棕黄色外衣，佩戴黄色和蓝色头巾的少女。惊鸿一瞥的回眸使她犹如黑暗中的一盏明灯，光彩夺目。这幅画面采用了全黑的背景，有利于烘托少女的外形轮廓。另外，《倒牛奶的女仆》和《戴珍珠耳环的少女》这两幅画作中的蓝色和黄色中均加入了不同程度的灰色和黑色，这也是两幅画作显得静谧、深邃的主要原因。

● C53 M66 Y84 K13　　　　○ C10 M14 Y38 K0　　　　● C63 M41 Y29 K0

将《倒牛奶的女仆》和
《戴珍珠耳环的少女》这两
幅画作中的蓝色与黄色搬入
到家居设计中，带有灰色调
的色彩搭配将空间笼罩在低
调而雅致的氛围中。这样的
空间配色，十分适合事业有
成的居住者。

○ C9 M23 Y52 K0　　　　● C96 M73 Y47 K9　　　　● C51 M56 Y64 K2

女贞黄色和钴蓝色均属
于中式传统色，也是来自皇
家的色彩，用其打造中式风
格的家居再合适不过。从青
花瓷中提取出来的蓝色，意
蕴十足，奠定了清雅的基调；
而代表尊贵的黄色，则令家
居蒙上了一层高雅色彩。

文森特·威廉·梵·高 《午休》

C38 M37 Y80 K0

C17 M18 Y57 K0

C56 M33 Y9 K0

C43 M25 Y29 K0

　　这幅《午休》是梵·高临摹米勒的作品，但与米勒的原作相比，梵·高在临摹画作时，选择了更加绚烂的颜色。他采用了形成强烈对比的色彩，使画面中呈现出冷暖色调的对比效果。在这幅画作中，黄色的运用给人一种温暖感和活力感。

让·弗朗索瓦·米勒 《午休》

● C17 M34 Y87 K0　● C87 M77 Y27 K0
○ C0 M0 Y0 K0

将明亮又轻快的金盏花色带入家中，将其表现在空间的墙面上，耀眼的色彩给空间带来了温暖、治愈的效果。作为装饰品出现的蓝白相间的挂盘，则为空间带来了一丝清凉感，也令平平无奇的墙面变得富有观赏性。

用成熟的黄色作为墙面配色，再用清爽的海洋蓝色穿梭于空间之中，整个空间的配色热闹中不失冷静，就像是秋日的乡野，既承载着丰收的喜悦，也能带来一场关于人生的思索。

● C11 M26 Y58 K0　　○ C0 M0 Y0 K0　　● C64 M31 Y33 K0　　○ C4 M4 Y4 K0

质朴褐色+深幽蓝色，谱写魅力新传奇

C94 M79 Y42 K5

C63 M35 Y32 K0

C52 M71 Y87 K16

文森特·威廉·梵·高 《手拿调色板的自画像》

C94 M79 Y42 K5

C63 M35 Y32 K0

C52 M71 Y87 K16

这两幅画作均为梵·高创作的自画像，且背景色均用到蓝色，但在色彩的表现上一深一浅，给人带来不同的视觉感染力。其中，《手拿调色板的自画像》据说是梵·高的第四张自画像，也是最后一张把自己直接表现为画家的肖像画。在这幅作品中，梵·高穿着深蓝色的画室罩衫，手拿着调色板和画笔，仿佛在声明他已经开始作画了。画面中央的褐色胡子、紧锁的眉和紧闭的嘴，宣示着梵·高坚定不移的性格。此外，画面中深浅不一的蓝色比重较大，为画面奠定了深幽的基调。

《最后一张自画像》则创作于圣雷米的精神病院，画作中表露出梵·高想要离开这个地方的愿望。在这幅半身像中，背景同样是蓝色混合而出的漩涡，以及水纹状的连续线条，而梵·高身着的外套色彩几乎和背景相同，这些细节与他紧张的面部表情和呆滞的目光形成强烈对比。除了蓝色，画面中较多出现的颜色是头发和胡须中的橘褐色，在冰冷的蓝色中显露出一丝温度。

文森特·威廉·梵·高
《最后一张自画像》

● C99 M84 Y18 K0
○ C0 M0 Y0 K0
● C40 M49 Y59 K0

　　将浓色调的蓝色表现在橱柜和岛台上，如深邃的湖水般，带来抚慰心灵的温柔力量与优雅质感。再利用褐色系顶面与之搭配，柔和了蓝色的疏离，让空间呈现出更加平易近人的基调。

● C58 M41 Y28 K0
◐ C28 M22 Y21 K0
○ C0 M0 Y0 K0
◐ C22 M35 Y43 K0

　　相较于浓色调的蓝色橱柜，浅灰蓝色的橱柜带来的是一种柔和、舒缓的空间氛围。再将同样色调的浅木色融入厨房的配色之中，两种颜色的搭配相辅相成——清淡的蓝色为家中降温，柔和的浅木色则使家中的氛围不至于过分清冷。

C53 M60 Y73 K6

C21 M34 Y55 K0

C94 M81 Y55 K24

C33 M29 Y30 K0

C16 M52 Y55 K0

皮埃尔·皮维·德·夏凡纳 《海边少女》

　　在夏凡纳的《海边少女》这幅作品中，画面的用色简洁而单纯，色彩的
应用具有一定的主观性。无论是天空、海面，还是近处的沙丘，都笼罩着一
层灰色的调子。因此，即使夏凡纳用了蓝色和褐色进行色彩上的对比，但由
于灰色调的加入，整幅作品彰显出的基调却是柔和、淡雅，以及和谐的。

- C56 M67 Y81 K16
- C90 M74 Y42 K5
- C36 M35 Y31 K0

　　依然是以褐色和蓝色塑造的空间，当以褐色作为大面积配色时，空间的质朴感得到提升。再将蓝色作为一体式儿童床的配色，为褐色调的空间带来了理性的基调。这样的配色，即使作为儿童房的色彩也不违和。

- C32 M52 Y58 K0
- C94 M91 Y45 K12
- C0 M0 Y0 K0

　　在厨房中运用了大量的褐色系建材，呈现出质拙、朴实的感觉。再用深色调的蓝色作为搭配色，渲染出沉稳的氛围，令空间呈现出高端的视觉感受。

红色与绿色的碰撞，在对比中寻求平衡

C31 M97 Y100 K0

C12 M76 Y78 K0

C73 M17 Y54 K0

马克·夏加尔
歌剧《卡门》的海报
（石版画）

　　夏加尔运用红色包裹画面的四周，热情的色彩将画面的主题突显出来。画面中一位曼陀林演奏者成功地引起了人们的注意，他身着蓝绿色的服装，旋转着他的乐器，围绕着这位音乐家，两位舞者优雅地进行着表演。从绚丽的色彩到人物欢乐的表情，这幅作品将观看者带入了夏加尔神奇而无忧无虑的世界。

色彩密码

　　当红色与绿色搭配时，会因为色彩的对比度达到最大鲜明度，从而造成极强的视觉刺激，令空间具备鲜活的生命力。当大面积的红色搭配小面积的绿色时，空间的活力将有所提升；若红色和绿色皆作为空间的小面积配色时，则刺激感降低，视觉感受更舒适。

　　方案中的配色和夏加尔《卡门》这幅画作有着异曲同工之妙，带有橙色调的红色与红粉色共同作为墙面背景色，既具有活力，又不会显得过于刺激。沙发上的孔雀绿色鲜艳、夺目，成功地吸引了人们的视线，与红色系颜色共同激发出空间时尚、唯美的气息。

● C37 M90 Y100 K2　　● C11 M44 Y35 K0　　● C87 M54 Y55 K5　　○ C0 M0 Y0 K0

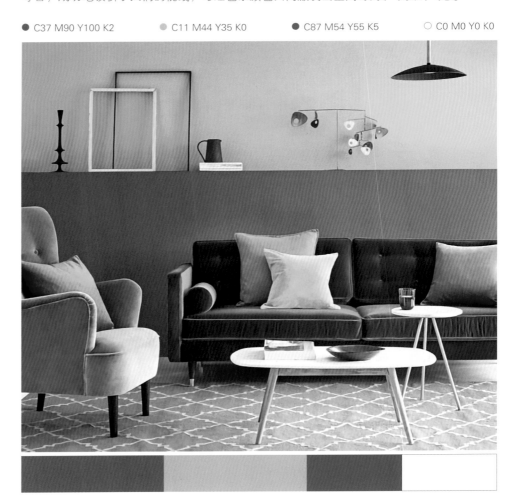

C69 M79 Y70 K41

C87 M75 Y71 K50

C61 M39 Y81 K0

C26 M40 Y39 K0

文森特·威廉·梵·高 《牡丹和玫瑰》

　　梵·高运用密集的笔触将酒红色作为背景色，牡丹和玫瑰中的粉红色似乎表现出不被任何事物侵蚀的高贵和热情，与背景色形成呼应的同时，又富有变化。花盆与叶片中的绿色，似乎表达了生命的意志力，令人肃然起敬。

　　将暗红色表现在丝绒沙发上，尊贵的品质感更加浓烈，可以在无形中提升家居品位。再用浊色调的绿色做搭配，使空间既保留了高贵的气质，又增添了一分生机。

- ● C47 M89 Y81 K15
- ● C71 M59 Y93 K24
- ○ C0 M0 Y0 K0
- ● C42 M41 Y44 K0
- ● C15 M11 Y11 K0

- ● C33 M73 Y59 K0
- ● C44 M48 Y55 K0
- ● C85 M64 Y86 K43
- ● C15 M11 Y11 K0

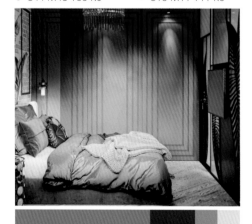

　　暗红色压制了奔放的情绪，将其转化成无声的高贵。将这种色彩作为空间的背景色，可以营造出具有深厚内涵的空间氛围。再搭配同样降低了饱和度的绿色，色调之间的对比有所降低，加强了色彩的融合度。

● C73 M55 Y91 K18　　● C43 M93 Y100 K10
○ C0 M0 Y0 K0

降低了明度的绿色低调了许多，即使大面积地出现在家居背景色中，也不会显得过分张扬。搭配带有黄色调的橙红色，对比感有所削弱，和谐度大大提升。这样的配色显得更加高级且充满了潮流感。

在这幅作品中，背景色被统一在朦胧晨雾的浅灰绿色调子里，但仔细探究，却能够发现从黄绿色到蓝绿色的丰富色相变化。此外，画面中男子的红色衣服占比较大，为了避免与绿色背景过于冲突，库特将红色处理得比较沉着，呈现出偏灰的色调，加上女孩亮眼的白色衣裙，整幅作品虽然存在色彩上的对比，但不会给人带来不适感。

皮埃尔·奥古斯特·库特 《春光》

C77 M58 Y85 K26

C64 M88 Y87 K58

C4 M4 Y15 K0

C80 M63 Y72 K27

C84 M62 Y100 K43

C52 M89 Y100 K32

C25 M13 Y13 K0

文森特·威廉·梵·高 《奥古斯丁·鲁林夫人》

在这幅画作中，梵·高同样以带有灰黑色调的绿色和红色来塑造画面的主要内容，整幅画作中充满着稳重的气氛。但值得玩味的是，这幅画作所具备的抽象性与装饰性，显然是受到了高更的影响，而画面背景中的唐草花纹，以及整幅画作色彩的对比感，则表现出梵·高自己所特有的喜好。

空间中选取了浊色调的红、绿两色进行搭配，即使应用的面积较大，但由于色调的明度和饱和度均较低，因此对比不会过分强烈。另外，壁纸的色彩与图案进行了很好的融合，在空间内极具装饰性。

● C86 M58 Y62 K14　　● C71 M52 Y55 K2
● C59 M78 Y64 K20　　● C47 M36 Y50 K0

● C86 M62 Y67 K23　　● C38 M92 Y80 K3
● C63 M37 Y86 K0　　● C20 M28 Y47 K0

暗浊色调的绿色少了清爽感，多了深邃的气质，优雅的韵味逐渐被激发。与色调同样深浓的红色搭配，迸发而出的冷艳、高贵气质，一下就能击中人心，空间中采用暗浊色调的红色与绿色搭配，容易产生复古的氛围。

● C85 M65 Y92 K50　　● C80 M54 Y89 K20
● C66 M94 Y81 K61

　　浓色调与暗色调交织的绿色水面，叠加上光影的变化，呈现出的色彩令人不得不感叹大自然的奇幻。水中若隐若现的鱼群，以及右上角的一艘划艇，为画面带来了更多的色彩变化。同时，用面积不大的深色调红色与绿色形成对比，丰富了配色层次。

克劳德·莫奈　《划艇》

　　在绿色调中融合一些黑色时，就成了精致、内敛的墨绿色，这种色彩如同被阳光照亮的水域，冷静而深邃。将其用作家居中的主要配色，再在其间点缀上红色细节，形成的视觉冲击，可以大幅增加空间的记忆度。

C83 M72 Y92 K61

C90 M55 Y90 K25

C85 M50 Y100 K16

C53 M82 Y100 K29

C89 M55 Y87 K24

C30 M74 Y81 K0

C89 M68 Y85 K52

C13 M48 Y89 K0

克劳德·莫奈
《赞丹小桥》

红色与绿色的搭配，最容易营造出具有田园感的家居氛围。红色是花朵、是果实，绿色是叶子、是芳草，两种色彩相互补充，相互调和，形成鲜艳且具有冲击感的组合。若将这两种色彩表现在花草纹样中，则能够起到事半功倍的效果。

● C18 M72 Y81 K0　　　　○ C30 M19 Y19 K0
● C62 M37 Y86 K0　　　　● C89 M70 Y100 K62

在这幅画作中，莫奈用绿色调的树木和湖水打造出一处悠然之境，阵阵清凉仿若从画面中溢出。红中带橙的小屋，掩映在树木之后，"犹抱琵琶半遮面"的姿态让人心驰神往，想和画中的人物一起探索屋内的世界。

由名画作品引出的色彩概念

互补色对比

　　色相在色相环中色彩相距 180°左右的对比，即处于色相环中直径两端位置上的对比。互补色对比的色彩距离最远，是色相对比的极限，也是色相最强的对比。在实际应用时，当两种补色并置在一起时，为了突出对比效果，常需要把其中一种色彩强调出来，起支配作用，并弱化另一种色彩，令其处于从属地位。另外，如果把两个色彩的纯度都设置得高一些，两个色彩会被对方完好地衬托出特征，展现出充满刺激性的艳丽色彩印象。若想要降低配色带来的视觉冲击感，则可以适当降低两个颜色的纯度。

　　配色效果：这种色相关系的对比强烈刺激感官，特点是鲜明、充实、活泼、华丽，给人留下深刻的印象。互补色对比如果处理得当，是最具美感意义的配色。但若处理不当则会产生不协调、过分刺激、动荡不安、生硬等缺点。

　　另外，互补色对比最典型的补色对是红色与绿色（纯度的极端对比）、黄色与紫色（明度的极端对比）、橙色与蓝色（冷暖的极端对比）。其中，红色与绿色的明暗对比近似，是最具视觉美感的补色对；黄色与紫色由于色相个性悬殊，可以成为补色对中冲突最大的一对；橙色与蓝色的明暗对比居中，是最活泼、生动的补色对。

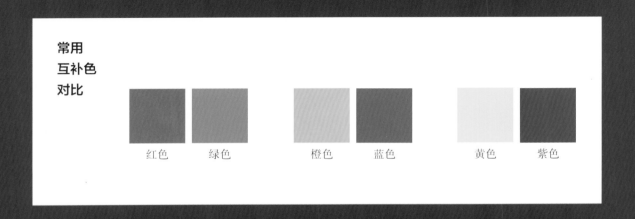

常用
互补色
对比

红色　　绿色　　　　橙色　　蓝色　　　　黄色　　紫色

多层次的绿色叠加娇媚、柔情的粉色，诉说浓情蜜意的温柔

C56 M49 Y73 K2

C68 M62 Y100 K28

C76 M75 Y100 K61

C33 M78 Y64 K0

但丁·加百利·罗塞蒂 《牧场聚会》

在这幅画作中，罗塞蒂巧妙地运用粉色和绿色来渲染一场贵族女子之间的聚会。女子们身着粉色或绿色的丝绸衣裙，将华贵感融入画面。由于粉色的加入，画面呈现出的柔美味道十分浓郁。

降低了饱和度，并提高了明度的粉色，在保留了少女甜美感的同时，将甜腻的感觉过滤掉。与空间墙面中的灰绿色，以及沙发中的祖母绿色相搭配，散发出淡淡的精致感。

● C77 M59 Y73 K21　　● C84 M63 Y95 K44
● C4 M32 Y30 K0

淡雅的贝壳粉色作为墙面配色，能够呈现出低调的可爱感觉，搭配清新、自然的青瓷绿色，没有强烈撞色带来的冲击感，取而代之的是柔和的清爽。原本是一份不够浓烈的甜蜜，在青瓷绿色的搭配下，却以一种温柔的感觉渲染着清新的自然氛围。

● C18 M27 Y26 K0   ● C22 M81 Y81 K0
● C77 M48 Y97 K9   ○ C0 M0 Y0 K0

● C68 M34 Y54 K0   ● C80 M59 Y92 K30
● C5 M53 Y37 K0   ● C15 M26 Y26 K0

绿色无疑是最能体现出生机的色彩，当深浅不一的绿色作为家居中的主色，并以植物纹样的形式出现时，令人仿佛置身于春日的田野，身心都得到了放松。这时再用粉红色来装点家居，犹如田野中盛放的鲜花般绚烂夺目。

C63 M20 Y62 K0

C22 M41 Y35 K0

C25 M73 Y38 K0

马克·夏加尔
《诗与诗人》

这幅画是对诗人情绪状态的视觉类比，他完全沉浸在自己的遐想中。颠倒的头部，以及脸上出现的绿色，充满了幻想的力量。大面积的绿色背景和诗人的粉红色衣装形成了色彩上的对比，令整幅画面更加耐人寻味。

备注：这幅画的另一个标题是《三点半》，表示夏加尔完成作品的时间是清晨。夏加尔通过在背景中放置一盏悬停的灯来暗示黎明前的时刻。这幅画可谓是夏加尔的生活写照。

洗漱区运用轻柔的粉色与鲜翠的绿色相搭配，给人带来一种轻快、怡人的视觉感受。加之背景墙面的植物纹样，仿佛营造出一处梦幻之境。

● C67 M48 Y76 K5　　　　● C39 M31 Y53 K0
● C24 M36 Y34 K0　　　　○ C0 M0 Y0 K0

● C70 M38 Y80 K0　● C41 M29 Y31 K0　● C18 M40 Y18 K0

与夏加尔《诗与诗人》这幅画作类似，用明色调的绿色作为背景色，加之壁纸中的花纹，呈现出一片春日的生机感。粉色作为辅助色，为整个空间更添一层娇媚气息。

C75 M55 Y83 K17

C66 M32 Y43 K0

C19 M44 Y19 K0

克劳德·莫奈
《睡莲》系列画之一

　　在这幅画作中，莫奈将带有蓝色调的孔雀绿色用在水面和莲叶之中，并与浓色调的绿色相配合，共同塑造出一幅深幽、神秘的幻境。其间点缀出现的粉红色荷花，虽然寥寥数笔，却足够吸睛，在原本单一的配色中，可谓点睛之笔。

● C84 M51 Y54 K3　　　　　● C92 M70 Y91 K60
○ C9 M25 Y16 K0　　　　　● C80 M29 Y73 K0

　　孔雀绿色的出现，令家居空间如同被阳光照亮的水域，冷静而甜美。选择轻柔的粉色系颜色与之搭配，激发出的精致感令人沉沦，这样的配色是女性化的，充满了迷人气息。

克劳德·莫奈
《蒙索公园》

同样是莫奈的作品，但在这幅画作中，无论是翠绿色，还是玫粉色，在光影的笼罩中，呈现出的是一派热闹、生活化的景象。莫奈试图通过对光的表达，来完成色彩间的过渡，无疑他是成功的，这幅画作仿佛将现实复制到画布上。

C58 M28 Y100 K0

C91 M78 Y66 K42

C13 M75 Y15 K0

● C56 M40 Y74 K0　　　　　　　● C91 M76 Y62 K33
○ C0 M0 Y0 K0　　　　　　　　● C36 M94 Y36 K0

明色调的绿色在空间中占据绝对的面积优势，呈现出生机感的同时，又隐隐地透露出高级感。床尾凳以及边几盖巾中的玫粉色，将优雅的气息带入室内，这样的空间配色比较适合事业有成的精英女士。

橙色与蓝色的搭配，
打造撞色与对比的时尚联盟

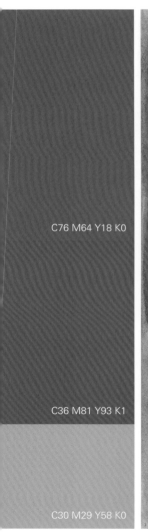

C76 M64 Y18 K0

C36 M81 Y93 K1

C30 M29 Y58 K0

巴勃罗·毕加索
《戴花帽的女人》

画中人物的衣着和帽子均为蓝色，在人物略显焦虑的表情中，蓝色的忧郁感被激发出来。背景色虽然为暖色调中的橙色，但由于画面前景的语义表达，其颜色中的活力感被隐藏，而显现出一种急躁气息。毕加索运用冷暖色调之间的对比，很好地呈现出一幅带有个人情绪的作品。

备注：这幅画作是毕加索"蓝色时期"的作品，其肖像画以奔放的色彩、扭曲的形式和在容貌上表现出的明显的焦虑感而著称。

用浊色调的橙色与蓝色作为沙发区软装的配色，体现出的色彩层次非常多样化。通常情况下，互补色搭配容易形成强烈的视觉冲击。但在这个方案中，由于浊色调的运用，躁动感被压制，透露出的是一种欲语还休的隐忍情愫。

● C17 M75 Y84 K0　　● C22 M32 Y32 K0　　● C84 M65 Y48 K7

● C15 M28 Y25 K0　　　　● C100 M96 Y42 K2
● C18 M75 Y100 K0　　　　● C50 M58 Y79 K4

方案中运用宝蓝色作为墙面的部分配色，与前景中的橙色沙发形成了强烈的视觉反差，带来戏剧化的空间氛围。尽管橙色和蓝色并没有在空间中进行大面积的运用，却也足够引人注目。

文森特·威廉·梵·高 《曳起桥与打伞女士》

C55 M22 Y29 K0

C71 M44 Y54 K0

C42 M62 Y100 K2

这幅画作虽然采用了橙蓝互补色作为主要配色，但由于蓝色和橙色中加入了大量的灰色调，使画面呈现出一片宁静的氛围，宽阔的天空中和水面上几个稀疏的物体，在梵·高的安排下成为色彩的实验；画上的主题只是让颜色得以伸展的景物罢了，颜色仿佛是这些物体的第二层表皮。

备注：从堤防上远眺，天空向四周延展，水的面积相对渺小，曳起桥在正午的阳光下左右相对，桥上的行人以及用白色调表现的日光等，都是印象派画风的痕迹。

- C64 M33 Y31 K0
- C0 M0 Y0 K0
- C10 M42 Y82 K0
- C100 M95 Y59 K41

将加入了灰色调的蓝色作为大面积的墙面配色，再将色彩延续到部分软装的配色之中，仿若流动的海洋带给人旷达的心境。太阳橙色的沙发为空间的配色创造出一些新鲜感，与蓝色对撞产生刺激的视觉印象，盘活了空间氛围，带来了度假的气息。

● C44 M8 Y22 K0　　● C4 M44 Y91 K0　　● C30 M23 Y22 K0　　○ C0 M0 Y0 K0

此方案在色调及面积占比上，均借鉴于莫奈的《阿让特伊的塞纳河》这幅作品。天空蓝色的整体橱柜呈现出清爽、怡人的气息，餐椅等软装中的亮橙色则彰显出活力，为空间带来了一种愉悦感。

克洛德·莫奈
《阿让特伊的塞纳河》

莫奈使用明显的破碎笔触和橙蓝互补色来暗示光线和运动。在画面中，蓝色和橙色呈3∶2的分配形式，清爽中带有浓浓的活力感。由于两种颜色的明度相对略高，画面给人的整体感受是轻松、愉快的。

C26 M4 Y9 K0

C23 M8 Y9 K0

C13 M59 Y81 K0

C32 M65 Y88 K0

C0 M77 Y91 K0

C2 M46 Y91 K0

C89 M80 Y58 K30

C45 M38 Y17 K0

爱德华·蒙克 《呐喊》

　　在《呐喊》这幅作品中，蒙克对画面中的色彩进行了夸张处理，传达出人物内心的孤独与苦闷。画面中的深暗蓝色和炫动的橙色形成了强烈的色彩对比，加之线条扭曲的天空和流水，与硬朗的斜线型桥梁进行对比，整幅画面仿佛处于一种旋转的动感中，体现出强烈的节奏感，令人头晕目眩。

● C91 M79 Y64 K41　　● C0 M69 Y92 K0　　● C59 M52 Y51 K0　　● C0 M0 Y0 K100

将《呐喊》中炫动的色彩运用到家居配色之中，打开了空间配色的新高度。爱马仕橙色与灰蓝色，一个彰显着时尚与奢华，一个氤氲着高贵与优雅，两者联手展露出极致诱人的高雅魅力。在家居设计中应用这组搭配，张扬的色彩与沉静的色调碰撞，强势吸睛，酷炫活力，洋溢着青春的躁动，带来时尚与个性之美。

打破黄色配紫色的偏见，营造引人入胜的情境

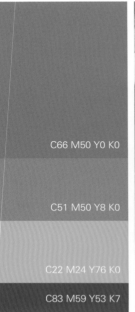

C66 M50 Y0 K0

C51 M50 Y8 K0

C22 M24 Y76 K0

C83 M59 Y53 K7

克洛德·莫奈
《黄色鸢尾花与粉红色云》

莫奈以极简的方式创作出一幅美丽的画卷，整幅画作以松散的笔触描绘了蓝紫色的天空，以及仿若划破天空的 6 朵明亮的黄色鸢尾花，色彩之间形成了美丽的互补对比。同时，莫奈也利用了这种奇妙的色彩搭配关系，向人们展示了一个引人入胜的自然场景。

● C50 M42 Y28 K0　　● C24 M40 Y83 K0　　● C50 M90 Y100 K27

紫色与黄色的搭配，看似不易融合，但若搭配适宜，就能够创造出视觉上的奇迹。例如，方案中将紫色作为大面积配色，再用鲜亮的黄色进行调剂，呈现出的视觉效果非常惊艳。

若感觉亮黄色与紫色的搭配过于激烈，不妨将亮黄色调整为明度较低的黄褐色，再搭配色调浅淡的紫色，这种温婉的色彩组合可以为空间勾勒出轻奢的轮廓。

● C71 M65 Y44 K2　　　　　　　● C42 M37 Y66 K0　　　　　　　● C29 M25 Y20 K0

质朴褐色＋天然绿色，
激发出最正统的乡野味道

C60 M10 Y60 K0

C49 M65 Y92 K9

C28 M28 Y73 K0

C91 M80 Y38 K3

文森特·威廉·梵·高
《献给高更的自画像》

在这幅画作中，梵·高受到东方绘画的启发，将肖像中的五官进行了调整，并画了非常短的头发，使其人物和衣着中的棕色调脱颖而出。背景色选用的是一种淡绿色，用以突出主角。此外，背景上没有任何阴影，使整个场景变得不真实。

C63 M16 Y57 K0

C14 M13 Y44 K0

C49 M62 Y84 K6

文森特·威廉·梵·高
《驳船码头卸沙的男人》

这幅画作同样来自梵·高之手，在着色上与《献给高更的自画像》类似，均是以绿色和褐色来塑造画面内容。画中的两艘小艇呈黄褐色，水很绿，看不到天空。这种以局部场景来浓缩画面内容的方式，给人一种紧凑的剧情感。

和梵·高的两幅画作类似，方案中将清雅的葱绿色作为背景色，令人心旷神怡，遐思无限。再用浅木色调的家具进行搭配，可以让空间最大限度地回归质朴的自然，装扮出一个小型的室内"桃源"。

● C44 M17 Y32 K0   ● C14 M27 Y48 K5   ○ C0 M0 Y0 K0

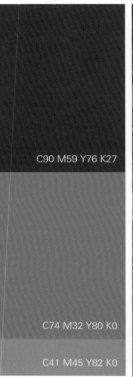

C90 M59 Y76 K27

C74 M32 Y80 K0

C41 M45 Y82 K0

古斯塔夫·克里姆特
《卡松教堂》

这幅作品中利用苍翠的绿色作为松树的色彩，再将提高明度的柠檬绿色作为灌木的色彩。深浅不一的绿色打造出一派四周群山环抱、林荫苍翠的郊外风光。另外，在这幅画作中，绿色在树木中被重复使用，且利用褐色调的房子作为分隔。因此，整幅画作的层次感分明，表现出克里姆特的典型画风。

● C87 M46 Y71 K5　● C51 M77 Y87 K19　○ C12 M8 Y11 K0　● C62 M42 Y100 K1

当把大面积的深绿色系颜色运用在空间的墙面上时，会带来一种浓郁又不乏生机的空间氛围。再结合褐色系颜色，两种色彩与生俱来的温馨属性，非常适宜打造自然风格的家居。

文森特·威廉·梵·高
《牛群》

C51 M77 Y84 K17

C74 M32 Y80 K0

C40 M17 Y76 K0

C31 M52 Y58 K0

C90 M59 Y76 K27

　　梵·高的这幅画作呈现出一种天真的、近乎幼稚的色彩。景观颜色的过渡近乎扭曲——从深浓的苍绿色到清新的黄绿色，呈现出强烈的色调对比。牛群在草原中分外抢眼，棕褐色的运用，将质朴的乡野气息传递出来。

- ● C48 M83 Y87 K15
- ● C68 M49 Y80 K6
- ● C27 M13 Y31 K0
- ● C14 M20 Y24 K0

- ○ C0 M0 Y0 K0
- ● C48 M62 Y64 K2
- ● C82 M56 Y100 K26
- ● C58 M84 Y100 K46

　　褐色在空间中大面积运用时，可以令整个空间的质朴感大大提升，若结合饰面板和木材来表现，则质朴感更强。同时，将浓色调的绿色与之搭配，便形成了舒适、质朴的空间氛围。

　　熟褐色与深绿色的搭配，就像是长于土地中的树木，色调衔接过渡得十分自然，为整个居室注入了浓郁的生机与自然的鲜活感。将这种自然的配色组合带入到室内空间之中，可以使整个空间散发自然的气息，打造出舒适、天然的乡村风情。

红色、黄色、蓝色，将经典得以传承

CO MO YO K0

C26 M100 Y100 K0

C10 M27 Y89 K0

CO MO YO K100

C100 M100 Y54 K7

彼埃·蒙德里安 《红、黄、蓝的构成》系列之一

《红、黄、蓝的构成》是蒙德里安具有代表性的系列画作。在这幅画作中，除了三原色，再无其他色彩；除了垂直线和水平线，再无其他线条；除了直角与方块，再无其他形状。巧妙的分割与组合，使平面抽象成一个有节奏、有动感的画面。而这种配色方式和造型方式对后世的建筑设计、室内设计，以及产品设计等均有影响。

色彩密码

蒙德里安的红、黄、蓝格子画系列，其色彩与线条的巧妙结合，为空间界面以及家具设计提供了灵感来源。在进行家居配色设计时，如果充分借鉴蒙德里安的红、黄、蓝格子画系列的作品，能够事半功倍地打造经典家居，且现代感十足。

○ C0 M0 Y0 K0　　● C11 M30 Y90 K0　　● C27 M100 Y100 K0
● C100 M100 Y54 K7　　● C0 M0 Y0 K100

○ C0 M0 Y0 K0　　● C12 M29 Y90 K0　　● C63 M71 Y86 K35
● C27 M100 Y100 K0　　● C0 M0 Y0 K100　　● C100 M100 Y54 K7

○ C0 M0 Y0 K0　● C27 M100 Y100 K0　● C11 M30 Y90 K0　● C100 M100 Y54 K7　● C0 M0 Y0 K100　● C30 M18 Y14 K0

　　这三个方案中的家具造型和配色都充分借鉴了蒙德里安《红、黄、蓝的构成》这幅画作，给人带来现代、简洁的视觉体验。另外，软装部分的色彩也来源于此，空间配色的整体感很强。

C32 M55 Y84 K0

C39 M98 Y100 K5

C92 M89 Y32 K1

C28 M25 Y19 K0

C0 M0 Y0 K100

这幅《下十字架》中，为了使纷乱的画面具有秩序感，维登在大量的中性色衣物中用加入了黑色调的蓝色和红色加强对比关系，而基督身体的颜色明度最高，形成了一个明确的视觉重心。另外，画面中还利用棕黄色作为背景色，整合了原本散乱的前景。

备注：从这幅画作中可以发现，像维登这些早期的画家已经能够很熟练地通过应用色彩的对比关系，来有效地组织画面内容了。

罗吉尔·凡·德尔·维登 《下十字架》

○ C0 M0 Y0 K0   ● C87 M72 Y43 K5   ● C50 M44 Y38 K0
● C49 M97 Y100 K24   ● C40 M73 Y100 K4

此方案在色调的选择上借鉴了维登的《下十字架》，虽然同样是以红、黄、蓝三原色作为色彩搭配的依据，但由于色彩中加入了黑色调，使空间氛围显得更加沉稳。另外，将明度相对较高的黄色沙发作为视觉中心，拉开空间的明度差，令配色层次更加丰富。

三角型色相对比

三角型色相对比指采用色相环上位于正三角形（等边三角形）位置上的三种色彩进行搭配的设计方式。在进行三角型色相对比创作时，可以尝试选取一种色彩作为纯色使用，另外两种做明度或纯度上的变化。这样的组合既能够降低配色的刺激感，又能够丰富配色的层次。如果是比较激烈的纯色组合，最适合的方式是作为点缀色使用，大面积的对比感比较适合表达前卫、个性的设计诉求。

配色效果：三角型配色最具平衡感，具有舒畅、锐利又亲切的效果。其中，最具代表性的是三原色组合，由于色相纯度最高，组成的色相对比能起到最强烈的视觉效果。三间色对比在纯度上有所减弱，配色效果也相对温和。三复色对比产生的视觉效果又减弱了一些，但复色对比的色域却是最丰富的。

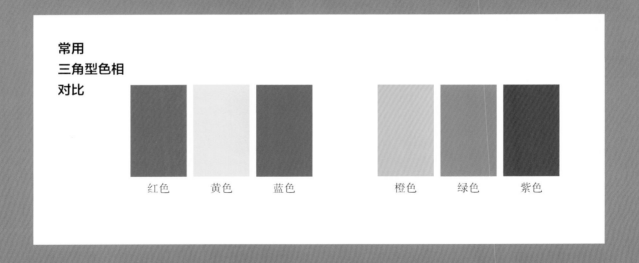

常用
三角型色相
对比

红色　　　　　　黄色　　　　　　蓝色　　　　　　　　橙色　　　　　　绿色　　　　　　紫色

红色 + 黄色 + 绿色，兼具温暖感与生命力

C58 M99 Y97 K52

C34 M28 Y33 K0

C38 M49 Y91 K0

C65 M64 Y100 K29

伊里亚·叶菲莫维奇·列宾 《小提琴家》

作品中以不同色彩层次的红色作为背景色，令画面笼罩在一种浓烈的情绪之中，小提琴家的灰白色衣裙在一片红色中跳脱出来，为画面带来了透气的感觉。其间穿插的黄色和绿色点缀，仿佛被融入画面之中，但依然可以带来一些视觉上的变化。

色彩密码

红、黄、绿三色搭配，相较于红、黄、蓝三原色搭配，色彩之间的对比柔和了许多。其中，红色与绿色作为互补色，可以加强空间配色的活跃度；黄色作为红色与绿色的过渡色与衔接色，可以将两种色彩进行有效衔接，使整体空间配色的和谐感更强。

以浊色调的红色和黄色分别作为背景色和主角色，奠定出空间温暖感的同时，也不会显得过于激烈。在局部用绿色进行点缀，可以为家居环境注入一线生机。

- ● C55 M91 Y80 K34
- ● C28 M32 Y66 K0
- ● C36 M33 Y32 K0
- ● C66 M51 Y81 K7
- ● C0 M0 Y0 K100

● C19 M26 Y80 K0 ● C44 M91 Y98 K11 ● C72 M16 Y50 K0
● C73 M68 Y64 K23 ○ C0 M0 Y0 K0

这幅画作以黄色作为主要的背景色，并加入红色来丰富色彩关系，热烈的配色烘托出人物澎湃的内心。由于整幅画作中，各种不同色相的暖色占比较大，似乎缺乏了一些色彩对比。因此画家在画面左下方安置了一盆绿色植物。如果按照物品的远近关系来看，这盆植物应该很明显。但迪科塞尔却有意识地将其虚化了，使其并不喧宾夺主。

选取黄色作为空间的背景色，再用红色沙发作为主角，中差色搭配带来的色彩对比非常柔和。加之门框中出现的青绿色，为空间带来了清透感，有效化解了过多暖色产生的躁动与不安。

弗兰克·迪科塞尔 《琴声》

C22 M19 Y77 K0

C32 M57 Y100 K0

C51 M100 Y100 K30

C82 M69 Y100 K57

C69 M28 Y66 K0

C20 M24 Y66 K0

C46 M98 Y98 K17

马克·夏加尔 《卢浮宫卡鲁塞尔厅》

夏加尔的这幅画作充满了想象力，将人带入了画家臆想出的世界。大面积的蓝绿色背景，在透出生机的同时，也隐隐暗藏着神秘。画面上半部分中，红色与黄色的运用，冲破了底色的限制，呈现出无法压制的躁动与热情。

以浊色调的绿色作为墙面背景色，勾勒出一派祥和、低调的景象。而跳动的红色与黄色的加入，仿若是一群顽皮的孩童，将原本平静的空间打破，平添一分生动与活力，大胆而直观地展现着"初生牛犊不怕虎"的张扬个性。

● C73 M53 Y62 K6　　　　　○ C19 M14 Y14 K0
● C33 M36 Y76 K0　　　　　● C49 M90 Y85 K21

客厅中以红、黄、绿三色
作为主要配色。其中，红色花
纹地毯成功地引起了人们的注
意，同时为空间带来了稳定
感。黄色的单人沙发，以及绿
色的装饰柜，形成了小面积的
类似色对比，为空间增加了活
力与生机。

● C23 M20 Y24 K0　　　● C49 M100 Y100 K28　　　● C89 M47 Y100 K11
● C87 M60 Y85 K35　　　● C35 M27 Y86 K0　　　● C54 M42 Y18 K0

古斯塔夫·克里姆特
《向日葵盛开的农家庭院》

在《向日葵盛开的农家庭院》
这幅画作中，克里姆特在绿色的灌
木丛背景中展示了一系列色彩鲜艳
的花朵。其中，黄色向日葵占据了
画面的顶部，带有红色调的花朵
位于构图的中心。整幅画作以红、
黄、绿三种颜色作为画面中的主要
用色，呈现出生机勃勃与热闹的花
园景象。

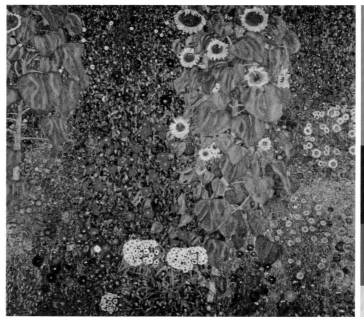

C71 M26 Y98 K0

C83 M68 Y96 K54

C33 M100 Y87 K1

C9 M24 Y86 K0

弗朗索瓦·布歇 《蓬巴杜夫人》

C76 M53 Y64 K8

C47 M60 Y96 K4

C68 M68 Y79 K34

C34 M64 Y42 K0

布歇在《蓬巴杜夫人》这幅画作中，利用灰绿色和脏粉色来刻画贵族夫人的衣裙，虽然这两种色彩中均含有灰色调，但由于衣裙的丝绸质感，加之背景棕黄色的帷幔，整幅画面依然呈现出高雅、精致的细腻感。其中，粉色是非常女性化的色彩，也是彰显洛可可风格的有效色彩。

以暖色调的棕黄色作为空间中的背景色，提升了空间的温暖感，加之花叶藤蔓的装点，令人仿佛置身于夏日的田园。帷幔的配色和材质的灵感均来自《蓬巴杜夫人》画作中贵族夫人的衣裙，将洛可可风格的奢靡感盈满一室。

● C33 M52 Y80 K0　　● C64 M52 Y72 K6　　● C15 M63 Y19 K0　　○ C0 M0 Y0 K0

红色＋绿色＋蓝色，强势打造艺术化氛围

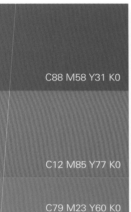

C88 M58 Y31 K0

C12 M85 Y77 K0

C79 M23 Y60 K0

亨利·马蒂斯 《舞蹈》

《舞蹈》这幅画作中，只用到了三种色彩，蓝色、绿色和红色。其中，蓝色的天空和绿色的大地代表了天空和大地的和谐，而砖红色的人体则表达出一种原始、古朴的女性美，也与蓝天、绿地达成了对比中的均衡与和谐。这三种纯净、饱满的色彩本身即构成了画面上的节奏感，呈现出狂野、具有活力的画面氛围。

● C61 M25 Y14 K0　　● C52 M100 Y100 K37　　● C87 M51 Y39 K0
● C85 M67 Y33 K0　　● C84 M50 Y78 K10

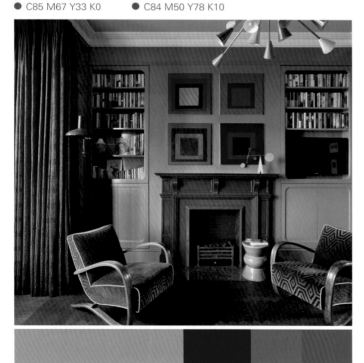

参照马蒂斯《舞蹈》这幅画作的配色，将蓝色用于空间的背景色，浊色调的蓝色为空间奠定出理性又不乏清雅的氛围。再用软装中的红色和绿色丰富空间配色，创造出一丝艺术感，丰富了空间表达的语义。

浊色调的绿色与蓝色在空间中作为背景色与主角色出现,并以块状的形态表现在电视背景墙与沙发上,带来了自然与清新的空间氛围。少量粉红色的加入,则为空间注入了甜美的气息,呈现出女性化的特征。

● C79 M64 Y64 K22　　● C73 M50 Y58 K3　　● C78 M52 Y33 K0
○ C0 M0 Y0 K0　　● C21 M49 Y33 K0

克劳德·莫奈
《芒通附近的红路》

在莫奈的《芒通附近的红路》这幅画作中,粉蓝色的天空与山脉呈现出梦幻的基调。一条粉红色的道路将绿色的树丛分为两半,且连接着山脉,色彩之间呈现为块状的分布,各司其职,又融合有度。由于粉红色调穿梭于整幅画作之中,使画面有着一种欲语还休的娇媚感。

C77 M51 Y17 K0

C44 M28 Y11 K0

C72 M42 Y70 K1

C25 M52 Y29 K0

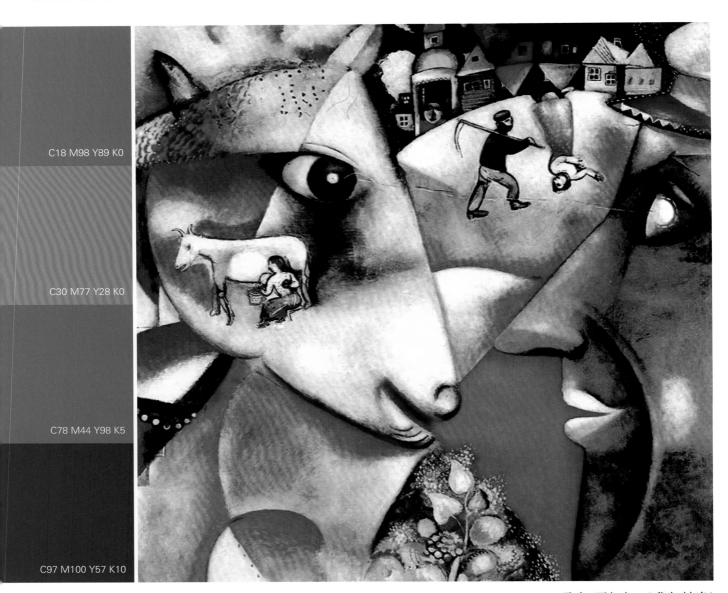

C18 M98 Y89 K0

C30 M77 Y28 K0

C78 M44 Y98 K5

C97 M100 Y57 K10

马克·夏加尔 《我与村庄》

在夏加尔的《我与村庄》这幅画作中，色彩的运用大胆而强烈，绿色的人脸、蓝色的羊脸、深红色的背景，以及黑色的远方，构成了画面的主要色彩，色彩之间的合理搭配赋予了画面极大的想象空间，令画面产生了一种热烈、醒目的力量，很好地衬托了画中超现实主义的幻想风格。

● C91 M71 Y79 K54　　● C42 M34 Y25 K0　　● C39 M48 Y33 K0
● C52 M92 Y84 K29　　● C27 M35 Y29 K0

● C72 M29 Y53 K0　　● C33 M38 Y26 K0　　● C34 M36 Y38 K0
● C53 M93 Y84 K33　　● C79 M56 Y73 K16

　　方案的配色灵感来源于夏加尔的《我与村庄》，用孔雀蓝色和孔雀绿色来营造空间的神秘气息。当这两种颜色同时出现在家居中时，整个空间仿佛化身为一片幽深的海底，令人沉醉。而不经意出现的那一抹红色，则如海底摇曳的珊瑚，只可远观，不可亵玩。

马克·夏加尔 《图尔奈尔码头》

C76 M45 Y77 K4

C93 M79 Y61 K36

C47 M98 Y100 K19

同样是夏加尔的画作，在这幅作品中，色彩的运用更加集中。红、蓝、绿三色在画面中各占一席之地，既有红蓝对比、红绿对比彰显出的节奏感，又有蓝绿对比呈现出的和谐感。另外，由于整幅画作在色调上具有统一性，因此画面的基调是一致的，梦幻而神秘。

- C79 M54 Y88 K19
- C30 M51 Y46 K0
- C88 M81 Y57 K28
- C25 M19 Y16 K0
- C44 M79 Y80 K7

不乏生机的浊色调绿色与理性的深蓝色搭配时，邻近色可以塑造出冷静的空间氛围。再加入带有粉色调的红色进行点缀，则为原本清冷的空间注入了一丝暖意，使整个居室变得更加舒适、宜居。

红、绿、蓝三色搭配，空间的冷静氛围更加突出，这来源于孔雀绿色与宝蓝色均带有的让人身心安静下来的力量。酒红色的出现可以调剂空间的冷硬感，且与其他两色在色调上形成统一，使整体空间的配色更加和谐。

○ C21 M16 Y19 K0   ● C49 M100 Y95 K24   ● C80 M23 Y55 K0

● C100 M98 Y48 K2   ● C73 M28 Y86 K0

莫里斯·德·弗拉曼克
《布吉瓦乡村》

C39 M98 Y67 K2

C83 M32 Y75 K0

C71 M38 Y22 K0

画面中以高对比的绿色和红色为主色调，色彩个性、鲜明。蓝色在两个颜色之间穿梭自如，既弱化了红绿对比的刺激感，又为画面带来了清透的气息。另外，红、绿、蓝三色的饱和度均不高，因此画面给人的视觉感受比较舒适。

C54 M35 Y24 K0

C51 M29 Y57 K0

C36 M64 Y54 K0

乔治·修拉 《安涅尔浴场》

　　在这幅画作中，红、蓝、绿三色中均加入了大量的白色，因此画面的色彩对比感被削弱，尤其是红色在加入白色之后，变成了粉红色，刺激感大幅降低，画面彰显出的是一种平和的氛围。尽管这是一幅展现炎炎夏日的作品，但色彩的结合却将河边的阵阵清爽透出画面。

当浊色调的蓝色作为背景色时，为家居空间带来了清爽又不失高级感的氛围。粉、绿两色作为搭配色出现，为空间增加了活跃度。空间中运用到的色彩明度相对略高，给人一种轻松感。

○ C0 M0 Y0 K0　　● C70 M61 Y54 K6　　● C74 M47 Y81 K6　　● C22 M37 Y30 K0　　● C40 M39 Y48 K0

黄色+绿色+蓝色，
鲜活生机与清爽基调的塑造者

C82 M57 Y41 K1

C57 M0 Y58 K0

C35 M60 Y96 K0

C66 M38 Y100 K0

C25 M14 Y79 K0

文森特·威廉·梵·高 《鸢尾花》

蓝色与绿色的搭配，总能给人带来清透之感。若在其中加入跳跃的黄色作为点缀，仿若一束暖阳照射在幽深的原野，令人在感受静谧的同时，也能享受绵绵的暖意。这样的家居环境，温馨而自然。

○ C0 M0 Y0 K0　　　　● C92 M83 Y25 K0
● C66 M17 Y58 K0　　　● C27 M32 Y95 K0
● C56 M56 Y73 K6

　　这幅画作取景紧凑，由鸢尾花簇拥而成的花墙仿佛被一股势不可挡的生命力推动着，从大地中孕育而出。鸢尾花中浅如海蓝，深似墨团的色彩，与花叶所带有的偏蓝的绿色和谐而充满对比。另外，野菊的黄赭色与草坪的黄绿色相接，打破了原本蓝色和绿色带来的忧郁感，躁动的情绪喷薄而出。这幅画作中所蕴藏的情感，在一定程度上体现了梵·高当时的心境。

用提高了明度的黄色作为空间中的背景色,仿佛晨曦中的暖阳,温暖又不燥热。家具和布艺软装中出现的蓝色与绿色,同样饱和度不高,整个空间的配色十分治愈。

● C25 M22 Y63 K0   ● C70 M54 Y100 K15   ● C80 M47 Y42 K0   ○ C0 M0 Y0 K0

文森特·威廉·梵·高 《麦田里的丝柏树》

在这幅画作中,蓝白相间的云朵飘浮在蓝绿色的天空背景中,一片黄色的麦田铺展在天空下,田间的绿色灌木丛、橄榄树和丝柏树随风起伏,与天空的色彩遥相呼应。整幅画作将生命与力量的主题表达得淋漓尽致。

备注:这幅画作极好地展现了梵·高在圣雷米时期绘画风格的演变,他用清晰的轮廓线和细碎的笔触分离出大面积的明净色彩,并掺入在阿尔勒时期绘画风格里的纯净色调,使画面的色彩并非是绚烂夺目的,但激烈的波浪形线条所展现出的生命力却浸透了整个画面。

C75 M55 Y67 K10

C25 M28 Y83 K0

C35 M25 Y13 K0

C42 M15 Y26 K0

C0 M0 Y0 K0

紫色＋蓝色＋绿色，造就身边的奇幻世界

C92 M83 Y57 K29

C65 M88 Y44 K4

C63 M39 Y76 K0

浓色调的蓝色充满了沉默而理智的疏离感，在室内大面积使用可以打造出成熟、冷静的氛围。但紫水晶色与墨绿色的加入，令原本有些冷峻的空间变得舒展，浓郁色调之间的碰撞，将空间的艺术感无限放大，观之忘俗。

- C94 M87 Y58 K34
- C73 M59 Y100 K27
- C57 M70 Y90 K24
- C78 M83 Y51 K16
- C91 M66 Y75 K39

马克·夏加尔 《三个杂技演员》

在这幅画作中，浓色调的蓝色与紫色占据了画面的背景，两种颜色相结合打造出一个奇幻的世界。位于画面中央位置的杂技演员，其身上融合了紫、蓝、绿三种色彩，并以绿色作为主色，丰富了画面的色彩层次。夏加尔利用人物的对比关系，以及色彩的搭配关系，为我们呈现出一个充满趣味性的杂技舞台。

● C74 M27 Y39 K0　　● C22 M45 Y7 K0
● C53 M32 Y73 K0　　● C31 M24 Y24 K0

洗漱区的配色充满了童话味道，明度略高的蓝色作为墙面背景色，纯粹而通透。粉紫色的卫浴柜作为视觉的中心，强势吸睛；并将这一色彩延续到墙面的图案之中，使之与墙面的对比感减弱，融合度更高。果绿色的加入，在带来生机感的同时，也加强了空间营造出的梦幻气息。

在毕加索的《女性半身像》这幅画作中，以草木绿色作为画面背景，充满了生机。女子的衣装以紫色和蓝色为主，集合了紫色的浪漫与蓝色的纯粹，语义丰富，也与画面中展现出的抽象感相吻合。黑色的出现将紫、蓝、绿这三种色彩进行了连接，使画面的整体感更强。

巴勃罗·毕加索 《女性半身像》

C58 M24 Y79 K0

C0 M0 Y0 K100

C44 M57 Y13 K0

C60 M36 Y12 K0

红色+绿色+橙色+蓝色，用色彩张力打造传奇

C15 M48 Y92 K0

C86 M57 Y100 K31

C100 M95 Y55 K28

C26 M93 Y100 K0

文森特·威廉·梵·高 《埃顿花园的记忆》

　　在这幅作品中，梵·高将红、绿、橙、蓝这四种颜色进行了搭配组合，并通过色彩之间的明度变化，来达到丰富画面层次的效果。另外，画面中的色彩很少以色块的形式出现，而是在色彩之间进行了"你中有我，我中有你"的糅合，使整幅画作的视觉流动性较强。

　　备注：梵·高的这幅画作在线条和着色方面，受高更的影响较大，但画面的平视角度以及鸟瞰视角的透视角度，则是受到了日本版画的启发。

● C82 M63 Y81 K37　　● C9 M93 Y100 K0　　　● C14 M49 Y88 K0
● C97 M79 Y28 K0　　　● C54 M43 Y24 K0

绿植图案的壁纸带来丛林的呼唤，为空间增添神秘气息。橙红色的沙发与背景墙的色彩，碰撞出激情四射的活力感，搭配的抱枕等物，其缤纷的色彩，营造出一场夏日丛林中蠢蠢欲动的戏码。

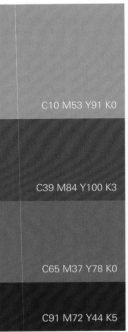

C10 M53 Y91 K0

C39 M84 Y100 K3

C65 M37 Y78 K0

C91 M72 Y44 K5

文森特·威廉·梵·高 《耳缠绷带、嘴衔烟斗的自画像》

　　画面的背景以靠得很近的两只眼为轴线，分为橙色和红色上下两色，因而也把画面和人物分成了上下两部分。在这条轴线下面的鲜红色背景和绿色上衣搭配在一起显得十分刺眼，其效果造成了一种独特的视觉矛盾；而画面上半部分的橙色背景和蓝色帽子同样产生了色彩的对比效果。这样的配色极具张力，能够轻易地抓取视线。

　　以具有深浅变化的橙色作为空间的主色调，搭配不同的花纹，令空间展现出动感效果。其间出现的绿色、蓝色，以及黄色，通过与橙色的中差对比、互补对比、邻近对比三种色彩对比形式来丰富空间的色彩层次。另外，由于这三种颜色均是以点缀色的形式出现，所以并不会造成视觉上的杂乱感。

● C18 M84 Y95 K0　　　　● C2 M51 Y85 K0
○ C0 M0 Y0 K0
● C79 M53 Y13 K0　　　　● C69 M50 Y71 K5

由名画作品引出的色彩概念

四角型色相对比

四角型色相对比是指将两组对比色或互补色相搭配的配色方式，用更直白的公式表示可以理解为：对比色／互补色 + 对比色／互补色 = 四角型色相对比。在进行色彩搭配时，最使人感觉舒适的做法是小范围地运用四种色彩。如大面积地使用四种色彩，建议在面积上分清主次，并降低一些色彩的纯度或明度，减弱对比的尖锐性。

配色效果：四角型配色能够形成极具吸引力的效果，暖色的扩展感与冷色的后退感都表现得更加明显，冲突也更激烈。

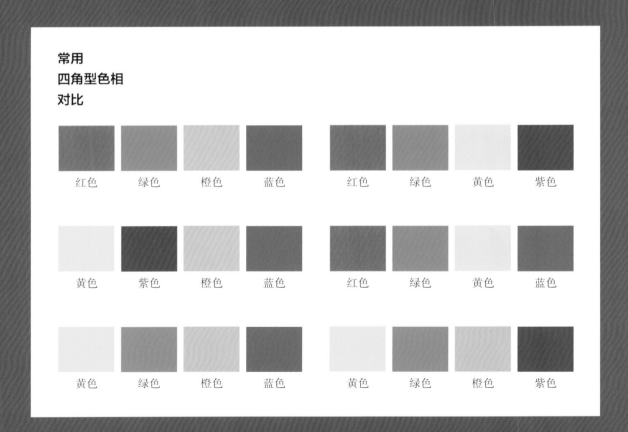

常用
四角型色相
对比

红色	绿色	橙色	蓝色	红色	绿色	黄色	紫色
黄色	紫色	橙色	蓝色	红色	绿色	黄色	蓝色
黄色	绿色	橙色	蓝色	黄色	绿色	橙色	紫色

黄色+绿色+橙色+蓝色，温馨、清爽的自然感

C55 M28 Y89 K0

C65 M23 Y8 K0

C24 M20 Y71 K0

C35 M74 Y100 K1

文森特·威廉·梵·高 《拿橙子的孩子》

　　绿色的草地上开满了黄色的花朵，带来一派春日的生机与活力。身着蓝色衣裙的孩子手拿一个橙子，在画面中占据了视觉中心的位置。尽管橙色的面积占比不大，但由于暖色的运用，显得十分抢眼，同时与蓝色形成互补色，画面的层次感非常丰富。

居室中的色彩搭配仿若将梵·高的《拿橙子的孩子》这幅画作搬入了家中。蓝色带来清爽、绿色带来自然、黄色带来温暖，三种颜色的比例在空间中几乎呈平均分配，因此空间的氛围感不会显得单一。同时，橙色以少量的形式出现在水果之中，十分巧妙地融进了室内配色。

● C71 M43 Y81 K3   ● C56 M29 Y4 K0   ● C23 M26 Y81 K0
○ C0 M0 Y0 K0   ● C28 M65 Y86 K0

红色＋绿色＋黄色＋蓝色，
引人注目，惊艳众人

C44 M99 Y98 K13

C86 M58 Y77 K24

C6 M20 Y65 K0

C89 M73 Y23 K0

亨利·马蒂斯 《红屋》

　　在这幅画作中，马蒂斯使用均匀分布在整个画布上的红色来主导视觉，削弱了空间中其他物品所形成的透视关系。另外，在红色的底色中，马蒂斯还运用了黄色和蓝色进行物品的塑造，三原色的搭配在和谐中不乏对比。画面左上角窗户中出现的绿色，仿佛闯入空间的精灵，打破了浓郁的基调，带来的自然感令人眼前一亮。

色彩密码

　　红色、黄色、蓝色、绿色作为四角型配色，可以营造出醒目、开放的空间氛围。若将其大面积地运用到空间中，整体居室氛围会更具视觉冲击力；若作为空间中的点缀色出现，则能够使原本平淡的居室变得更有活力。

　　红色作为背景色，具有强势吸睛的效果，与空间中的黄色躺椅构成主要配色，活力感很强。地毯中的蓝色和绿色，则很好地平衡了暖色带来的热烈感，不动声色地将自然与清爽注入室内。

● C4 M96 Y96 K25　　　● C0 M18 Y92 K0　　　● C87 M7 Y65 K24　　　○ C0 M0 Y0 K0　　　● C85 M31 Y13 K37

安德烈·德朗 《查令十字桥》

C89 M73 Y23 K0

C26 M75 Y57 K0

C65 M12 Y61 K0

C17 M22 Y62 K0

法国野兽派画家德朗创作的《查令十字桥》，画面以红、黄、蓝、绿四种颜色进行色彩搭配，并通过色调变化来丰富画面层次。整幅画面虽然色彩丰富，但由于颜色占比较平均，因此画面具有和谐的美感。

● C5 M22 Y24 K0　　● C42 M43 Y44 K0　　● C15 M59 Y39 K0　　● C44 M92 Y98 K12
● C66 M59 Y84 K18　　● C31 M44 Y90 K0　　● C50 M34 Y30 K0

借鉴于德朗的《查令十字桥》配色，用红、黄、蓝、绿四种颜色作为空间的点缀色，并在色调上进行变化，为空间蒙上了一层艺术色彩。

● C84 M71 Y61 K26
● C48 M37 Y55 K0
○ C26 M28 Y52 K0
● C47 M48 Y44 K0

空间中的壁纸运用
浊色调的红色、黄色、
蓝色、绿色来体现，由
于色调中含灰色，因此
色彩之间的对比感被削
弱，即使同时出现在墙
面上，也不会显得躁动
不安。地面瓷砖中的绿
色与壁纸所呈现出的色
调相吻合，整个空间的
色彩和谐度较高。

文森特·威廉·梵·高
《圣玛丽的海景》

选用色彩浓厚的蓝色作为
大海和天空的主要配色，再用
黄色和绿色与深蓝色相互碰撞，
形成了波涛汹涌的海面景象，
体现出强烈的情感。帆船运用
红、黄、绿三色描绘，既与海
浪的色彩形成呼应，又利用红
色来渲染不安的情绪。另外，
整幅画作笼罩在灰色调的色彩
之中，牵动人心。

C77 M65 Y45 K3

C47 M33 Y74 K0

C22 M13 Y42 K0

C49 M73 Y76 K11

文森特·威廉·梵·高　《夜晚露天咖啡座》

C100 M92 Y41 K5

C100 M98 Y65 K55

C21 M31 Y61 K0

C47 M87 Y94 K16

C88 M61 Y95 K41

　　在《夜晚露天咖啡座》这幅画作中，煤气灯照耀下的橙黄色屋檐，与深蓝色的星空形成色彩上的对比关系，同时结合屋檐和座位向后的延伸性，使画面产生了纵深感。另外，座椅下的红色地面与树木中的绿色加强了画面的对比效果。画作中用到的红、黄、蓝、绿四种色彩均为暗色调，在体现夜晚氛围的同时，也彰显出城市的活力。

　　运用深蓝色作为背景墙的配色，奠定出空间理性、深邃的基调。装饰画与装饰瓶中的黄色和红色，打破了深色调空间的冰冷感，令其变得更富活力。装饰绿植的出现虽然占比不大，却为空间带来了一丝生机。

● C81 M67 Y49 K7　　○ C0 M0 Y0 K0　　● C13 M20 Y68 K0　　● C28 M88 Y100 K0　　● C90 M60 Y100 K41

C86 M41 Y79 K3

C50 M100 Y100 K30

C7 M4 Y66 K0

C74 M26 Y11 K0

文森特·威廉·梵·高 《保罗·高更的扶手椅》

在《保罗·高更的扶手椅》这幅画作中，梵·高利用绿色作为主色调，搭配其互补色红色，产生了色彩上的强对比。而黄色的融入，起到了提亮画面的作用。椅子中的蓝色用笔不多，却为原本有些浓郁、混沌的环境带来了透气感。

绿色调的背景墙和床头，激发出空间中的田野气息。床品中的红色与之形成对比，鲜妍的色彩格外引人注目。少量黄色和蓝色的加入，丰富了空间的色彩语言。

● C73 M42 Y68 K1　● C56 M87 Y100 K43　● C21 M93 Y95 K0
● C18 M35 Y80 K0　● C92 M67 Y3 K0

○ C0 M0 Y0 K0
○ C10 M13 Y75 K0
● C85 M73 Y37 K1
● C76 M51 Y71 K9
● C20 M93 Y100 K0

　　将红、蓝、黄、绿四种颜色表现在空间的软装配色之中，形成了语义十分丰富的空间环境。红色的热情、绿色的清新、黄色的温暖、蓝色的清凉，在白色和棕色的底色中得到了很好的呈现，既有浓烈的欢畅情绪，又暗藏着理智的思索。

马克·夏加尔
《被践踏的花朵》

　　以明亮的黄色作为画面背景色，充满了光芒与活力。再将红色、绿色、蓝色三种颜色表现在画面中，描绘出人物和花朵的形象，传达出夏加尔创作时的纯真与热情。画面中的色彩既有纯色调的开放，又有明色调的轻快，还有浓色调的内敛，但神奇的是色调之间的碰撞，非但没有令人感觉不适，反而极具感染力。

C15 M19 Y72 K0

C79 M30 Y78 K0

C47 M95 Y90 K19

C76 M58 Y35 K0

红色+绿色+蓝色+紫色，
魔幻世界的塑造者

C66 M91 Y23 K0

C67 M40 Y6 K0

C28 M91 Y73 K0

C61 M14 Y77 K0

马克·夏加尔
《兰恩和德莱亚斯的梦》

　　夏加尔的色彩世界无疑是令人沉沦的，在这幅画作中，红色与紫色形成的背景带来了魔幻气息，加之画面中蓝色区域表现的人物、鲜花和小羊，让人相信这就是一个让人无法自拔的梦境。动作夸张的绿色人物，极其突兀地出现在画面之中，但不得不承认他的到来让这一梦境更添神秘气息。

　　紫色的墙面，红色的吊顶，这样的配色极具艺术气息，奠定了空间与众不同的气质。装饰画中不仅融合了红色和紫色，同时还有蓝色和绿色等颜色的加入，形成的视觉中心，为原本极具魅力的空间，更添一分令人惊叹的元素。

● C85 M99 Y34 K1　　● C49 M100 Y100 K26　　● C86 M68 Y46 K6　　● C79 M44 Y100 K5

红色+黄色+绿色+蓝色+紫色，在艺术与梦幻之间自由切换

C34 M94 Y92 K1

C12 M9 Y86 K0

C78 M40 Y13 K0

C81 M32 Y83 K0

C53 M59 Y17 K0

马克·夏加尔
《恋人和黄色天使》

画面底色为红、黄、蓝三色，并呈块状分布，色彩之间的对比十分强烈。另外，画面左上部分出现的花束中，增加了绿色和紫色的运用，小面积的色彩点缀和细碎的笔触，打破了块状色彩的生硬感。

- ● C92 M67 Y60 K21
- ● C23 M94 Y71 K0
- ● C76 M77 Y50 K12
- ● C30 M39 Y78 K0
- ● C80 M68 Y86 K49

以红色和蓝色作为空间的墙面配色，再结合蓝紫色的丝绒沙发，整个空间的大面积配色呈现出浓郁的特征，有种奇幻的氛围。黄色和绿色少量出现在家具和墙面之中，为空间带来一丝暖意和生机。

克洛德·莫奈
《蒙特卡洛附近的风景》

C35 M0 Y15 K0

C16 M88 Y53 K0

C18 M10 Y66 K0

C51 M33 Y90 K0

C83 M100 Y47 K15

在莫奈的《蒙特卡洛附近的风景》
这幅画作中，画面仿佛是被打翻的调
色盘，呈现出斑斓的色彩。红、黄、
绿、蓝、紫等各种颜色均可以在画面
中找到，色彩之间的融合与对比，再
叠加色调的变化，呈现出不真实的美
丽风景。

- ● C73 M33 Y25 K0
- ● C6 M89 Y22 K0
- ● C74 M69 Y0 K0
- ● C62 M39 Y78 K0
- ○ C7 M21 Y60 K0

蓝色装饰柜虽然具有面积优势，但在
亮黄、玫红、紫水晶、翠绿这些色彩的对
比下，显得并不抢眼，只是淡淡地流露出
一些精美感，彰显着低调的奢华。另外，
由于空间的色彩丰富且明度较高，塑造出
的氛围感是艺术化的。

古斯塔夫·克里姆特 《拿扇子的女人》

C16 M15 Y76 K0

C28 M76 Y62 K0

C54 M26 Y55 K0

C67 M38 Y50 K0

C73 M71 Y42 K2

在这幅画作中，克里姆特充分运用了带有中式特点的元素来作画。其中，画面的背景符合中国工艺美术风格，底色的选择类似于中国艺术品中的皇家御用黄色，而其他色彩的运用，克里姆特则模仿了中国瓷画中的典型珐琅颜色，如铬黄色、钴蓝色、赭红色、铜绿色和粉紫色。

C17 M23 Y52 K0　　C62 M35 Y14 K0　　C51 M66 Y30 K0
C19 M87 Y92 K0　　C8 M22 Y76 K0　　C83 M51 Y85 K14

空间中用一幅女性主题的壁纸作为墙面装饰，金色的背景与粉紫色的花朵装饰，体现出女性的精致与柔美，同时也将这种气息传达到室内的每一处角落。此外，空间中还出现了蓝色、绿色、红色等装饰色彩，结合考究的材质，共同打造出一个品质感很高的居室环境。

红色＋橙色＋绿色＋蓝色＋紫色，用巧妙的色彩对比引人注目

空间中的色彩搭配与马蒂斯的《科利乌尔的窗景》有着异曲同工之妙，由翡翠绿色、淡山茱萸粉色，以及紫红色组合的大面积配色，为空间带来少女般的温柔与甜美。壁画中的浅灰蓝色与吊带裙中的橙色点缀，形成的色彩对比鲜明又不夺目，刚刚好的处理手法十分抓人。

- C69 M46 Y49 K0
- C42 M13 Y22 K0
- C6 M31 Y26 K0
- C67 M20 Y42 K0
- C30 M57 Y36 K0
- C0 M53 Y72 K0

C63 M4 Y45 K0

C2 M45 Y32 K0

C11 M58 Y80 K0

C31 M80 Y22 K0

C44 M98 Y100 K13

C57 M36 Y18 K0

亨利·马蒂斯 《科利乌尔的窗景》

在马蒂斯的《科利乌尔的窗景》这幅画作中，画面中的红、橙、绿、蓝、紫五色均不是纯色，而是融合了邻近色而呈现出的复色，因此画面给人的视觉印象极具表现力。另外，由于画面中的红粉色占比较大，整幅画面给人带来一种温柔的甜腻感。

由名画作品引出的色彩概念

全相型色相对比

全相型色相对比配色是所有配色方式中最开放、最华丽的一种，使用的色彩越多就越自由、喜庆，具有节日气氛，通常使用的色彩数量为五种。活泼但不会显得过于激烈的就使用五色全相型。没有任何偏颇地选取色相环上的六个色相组成的配色就是六色全相型，是色相数量最全面的一种配色方式，包括两个暖色、两个冷色和两个中性色，比五色全相型更活泼一些。

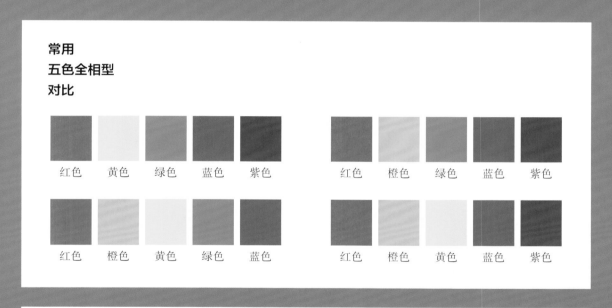

常用 五色全相型 对比

红色　黄色　绿色　蓝色　紫色
红色　橙色　绿色　蓝色　紫色
红色　橙色　黄色　绿色　蓝色
红色　橙色　黄色　蓝色　紫色

常用 六色全相型 对比

红色　橙色　黄色　绿色　蓝色　紫色

红色+橙色+黄色+绿色+蓝色，塑造视觉流动的色彩海洋

C13 M56 Y95 K0

C80 M58 Y100 K30

C39 M25 Y13 K0

C14 M97 Y100 K0

C18 M18 Y81 K0

文森特·威廉·梵·高 《农舍与农夫》

    在梵·高的《农舍与农夫》这幅画作中，红色、橙色、黄色这些暖色被大量地运用在农田之中，将秋日丰收的喜悦感倾泻而出，加之树木的绿色与农田中表现出的蓝色，整幅画面的色彩十分吸引人。

- ● C9 M73 Y89 K0
- ● C86 M70 Y87 K57
- ● C45 M100 Y97 K15
- ● C73 M47 Y28 K0
- ● C11 M36 Y89 K0

　　沙发区的配色丰富、鲜艳，仿若将人带入了一片色彩的海洋。红、橙、黄、绿、蓝五色交织在一起，色彩之间的融合与对比丝丝入扣，令人情不自禁地被吸引。

红色+橙色+黄色+蓝色+紫色，引发丰富的想象

C22 M31 Y80 K0

C62 M85 Y35 K0

C35 M94 Y98 K2

C93 M79 Y18 K0

C20 M52 Y78 K0

瓦西里·康定斯基 《黄·红·蓝》

　　康定斯基的这幅作品虽然被命名为《黄·红·蓝》，但除了这三种色彩之外，还融入了橙色和紫色，增加了画面的色彩丰富性。另外，画面中呈现出捉摸不定的意念图案，在几何结构与造型中配上柔和的色彩，整幅抽象画富有强烈的激情与丰富的想象。

● C23 M40 Y95 K0 ● C100 M100 Y60 K18 ● C64 M97 Y0 K0
● C29 M100 Y100 K0 ● C2 M74 Y91 K0

空间中的软装配色呈现出绚烂的基调，黄色沙发形成的大面积配色，与茶几中的小面积宝石蓝色形成色彩上的碰撞，仿佛展开了一场博弈，看谁更能吸引眼球。而抱枕中的红色、橙色、紫色等也争先恐后地展现着自身的魅力，不甘成为配角。

红色+橙色+黄色+绿色+蓝色+紫色，用彩虹的语义表达色彩搭配

C82 M47 Y96 K9

C23 M52 Y94 K0

C29 M88 Y100 K0

C68 M47 Y15 K0

C49 M65 Y13 K0

C16 M6 Y84 K0

巴勃罗·毕加索 《窗前的女子》

将红、橙、黄、绿、蓝、紫这些斑斓的色彩运用到软装配色之中，带来了无限的活力与生机。这种小面积、分散式的设计手法，在一派净白的空间中显得格外引人注目。这样的色彩搭配，可以塑造出充满趣味与轻松感的居家环境。

○ C0 M0 Y0 K0
● C19 M24 Y73 K0
● C78 M96 Y46 K12
● C29 M86 Y100 K0
● C54 M28 Y23 K0
● C87 M46 Y100 K8
● C33 M100 Y56 K0

在这幅画作中，毕加索运用红、橙、黄、绿、蓝、紫六种颜色来塑造画面印象，且色彩之间具有不同的明暗关系，整幅画面给人一种丰富的色彩感。其中，面积占比较大的是橙色和绿色，其奠定出富有活力的氛围，且色彩印象是愉悦的。

文森特·威廉·梵·高 《远处的田野》

C1 M47 Y90 K0

C82 M33 Y100 K0

C4 M28 Y77 K0

C49 M0 Y27 K0

C58 M70 Y44 K1

C31 M96 Y100 K0

- ● C80 M29 Y43 K0
- ● C10 M74 Y98 K0
- ● C80 M40 Y90 K2
- ● C25 M64 Y23 K0
- ● C100 M90 Y55 K28
- ● C8 M12 Y76 K0

画面中的色彩十分丰富，将田野风光表现得引人入胜。红、橙、黄、绿、蓝、紫这些颜色在画面中自由穿梭，衔接起山脉、树木、房屋、水田等元素，令人不得不惊叹于由这些高纯度、高明度的色彩配置所带来的积极、强烈的视觉感受。

　　与梵·高的《远处的田野》这幅画作类似，空间中的配色丰富而明艳。冷色与暖色交织，碰撞出激烈的火花，令室内环境呈现出无尽的活力。同时，高饱和度色彩的充分运用，更加丰富了配色层次，仿若带来一场热闹的盛夏狂欢。

C67 M14 Y88 K0

C51 M57 Y36 K0

C22 M38 Y81 K0

C66 M44 Y23 K0

C21 M59 Y87 K0

C48 M100 Y100 K22

文森特·威廉·梵·高
《奥维尔花园》

在梵·高的《奥维尔花园》这幅画作中，虽然运用了六色全相型色彩进行搭配，但由于色彩之间的面积差明显，例如绿色被作为主要色彩，因此画面在体现活力的同时，也具有生机感。另外，画面中的紫色，以其短促有力的笔触，为作品带来了梦幻的色彩。

相对于翡翠绿色与草绿色的搭配，此方案中利用祖母绿色搭配玫紫色的手法，更加引人注目，使居室的艺术化气息异常浓郁。同时，用黄色抱枕来丰富沙发的配色，提亮了空间的色感。

● C77 M14 Y63 K0　　● C58 M93 Y31 K0　　● C85 M61 Y42 K1
○ C13 M20 Y87 K0　　● C21 M75 Y40 K0　　● C4 M49 Y92 K0

克劳德·莫奈 《蔷薇小径》

C40 M76 Y59 K1

C51 M74 Y42 K0

C15 M58 Y55 K0

C11 M10 Y56 K0

C53 M21 Y91 K0

C81 M68 Y31 K0

莫奈在创作这幅画作时，已被诊断出患有双眼白内障，因此对色彩的感触有所变化。画面中的色彩虽依然纷呈，但细部处理少了些精致感，致使画面轮廓变得朦胧，但这并不妨碍整幅画作传递出的梦幻感和艺术感。红、橙、黄、绿、蓝、紫这些色彩在莫奈的笔下进行了交融，变得十分具有感染力。

● C57 M27 Y46 K0   ● C81 M61 Y54 K8   ● C23 M33 Y72 K0
● C7 M74 Y46 K0   ● C9 M64 Y14 K0   ● C76 M62 Y100 K38

仿若将莫奈《蔷薇小径》中的色彩搬入家中，炫动的色彩营造出童话世界般的美妙。尽管空间中出现的色彩较多，但大多为浊色调，因此空间的色彩感觉是梦幻而唯美的。

干净白色 + 低调灰色，
用高容纳力塑造和谐

C14 M7 Y0 K0

C22 M14 Y5 K0

C76 M71 Y58 K20

克劳德·莫奈 《圣西蒙农场雪路上的马车》

  在这幅画作中，灰蒙蒙的天空下是白茫茫的乡村雪景。画面中的色彩非常凝练，仅用灰白两色来描绘画面内容，却将冬日的寂寥与寒冷表现得淋漓尽致。画面中的灰具有不同的深浅变化，这也是令画面不显寡淡的好方法。

○ C0 M0 Y0 K0　　　　　　　　　　　● C20 M19 Y22 K0

空间整体被笼罩在一片净白色之中，白色的墙面与帷幔，给人一种干净、整洁的视觉观感。在白色的床品之中加入了灰色作为调剂，丰富了色彩的层次。另外，地毯的颜色也选取了灰色，使空间具有稳定性。

○ C0 M0 Y0 K0　　　　　　　　　　　● C44 M34 Y31 K0

白色是容纳力非常高的色彩，与任何颜色搭配都十分和谐。将其大面积地运用到空间设计中，其洁净的色彩属性，可以塑造出干净的氛围基调。但大面积白色的运用，容易出现寡淡、清冷的视觉观感，不妨运用少量灰色来平衡，以增添空间的舒适度。

白色与褐色搭配，
打造经久不衰的淡暖配色

C20 M17 Y22 K0

C56 M58 Y72 K6

C45 M32 Y31 K0

克劳德·莫奈 《喜鹊》

在这幅画作中，莫奈的目的不是简单地描绘这个场景，而是让这个场景变得可以被人感知。尽管白色的雪景很难通过色彩的方式来表达，但是莫奈通过光线的运用以及篱笆产生的阴影，使雪变得更加具象。另外，利用树木中浅淡的褐色来丰富画面内容。而一只长着黑色羽毛、腹部为白色的喜鹊，则像一个音符一样栖停在柴扉上，为寂静的场景带来了一分灵动。

○ C0 M0 Y0 K0 ● C48 M54 Y67 K1 ● C26 M30 Y41 K0

将温馨、低调的褐色表现在地面之中，深浅不一的色调变化，永远不会让家显得呆板，同时带来舒适、放松的视觉感受。再运用亮白色与之搭配，不仅可以平衡空间色彩，而且能够营造出通透的氛围。

● C36 M46 Y56 K0 ○ C0 M0 Y0 K0 ● C72 M71 Y79 K42

白色与褐色的搭配，是经久不衰的温暖配色。将白色大面积地运用在空间的墙面中，褐色主要体现在地面和家具上，整体空间配色的稳定感更强。这样的家居配色适用性较高，可以被大多数居住者接受。

白色与彩色相遇，带来多元化的视觉层次

C0 M0 Y0 K0

C79 M60 Y75 K24

C53 M60 Y85 K8

C0 M0 Y0 K100

○ C0 M0 Y0 K0　● C95 M28 Y29 K0　● C80 M69 Y71 K39　● C47 M57 Y62 K1

爱德华·马奈
《躺着的波德莱尔的情妇》

在马奈的《躺着的波德莱尔的情妇》这幅画作中，主体人物躺在有靠背的沙发上，白色长裙遮挡了大部分画面，成为画作中的主要色彩。人物背后的白色透明窗纱被风吹起搭在沙发靠背上，与衣裙的色彩形成呼应。整幅画面中白色的占比很高，仅用墨绿色的沙发进行色彩的过渡、平衡，以使画面产生立体感。

深色调的绿色少了清爽的感觉，多了几分深邃的气质。这样的绿色出现在墙面中，将空间的复古韵味激发出来。与白色搭配，依然可以衬托出空间的通透感，但理性气息更加浓郁。

○ C0 M0 Y0 K0　　● C21 M31 Y35 K0　　● C36 M22 Y23 K0

　　白色调的空间中，融入了浅淡的蓝色和肉粉色，清浅的色调给人一种恬淡的悠然感。这样的配色既保留了白色的纯粹感，又带有彩色的迷人气息，整个居室被塑造得十分小清新。

皮埃尔·奥古斯特·雷诺阿
《米勒·珍妮·萨玛丽》

C33 M21 Y18 K0

C8 M4 Y10 K0

C13 M14 Y16 K0

　　雷诺阿运用白色来表现画中女子的肌肤，白皙的肤色给人一种如雪的感受。画面中的其他用色也被限制在淡淡的色调之中，尽管仔细观察画面，会发现蓝色、肉粉色等颜色，但朦胧的感觉仿佛是一场清梦，令人不忍心惊扰。

温柔浅灰色，带来与世无争的出尘感

C31 M27 Y30 K0

C33 M30 Y33 K0

C31 M41 Y52 K0

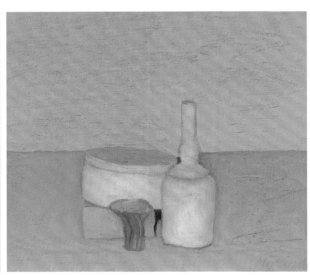

乔治·莫兰迪 《静物画》（一）

　　莫兰迪运用淡淡的灰色作为画面的背景色，前景中的瓶子依然被限制在灰色调之中。为了增加配色层次，莫兰迪还加入少量明色调的棕色来搭配，整幅画作运用温柔与优雅的色调来塑造，给人一种与世无争的出尘感。

　　用明度相对较高的灰色作为背景色，可以降低空间温度，充分演绎出简洁、利落的都市气息。适量白色的加入，提亮了整个空间，整体居室的氛围显得更加整洁、明亮。少量木色的点缀，则带来了一丝生活气息，更适合居住。

- C26 M22 Y22 K0
- C0 M0 Y0 K0
- C55 M51 Y45 K0
- C40 M45 Y48 K0

用明朗、轻柔的米灰色作为墙面背景色，搭配黄灰色沙发，属性不同的两种色彩进行碰撞，整个空间显得富有张力。背景墙上的装饰画色彩十分丰富，调剂了空间的配色层次，令整个空间形成一种收放自如的自在感。

- C33 M27 Y32 K0
- C35 M37 Y58 K0
- C31 M27 Y60 K0
- C32 M56 Y60 K0
- C32 M45 Y37 K0

乔治·莫兰迪
《静物画》（二）

相对于浅灰色，米灰色带有淡淡的温暖感，作为背景色在带来高级感的同时，视觉感受也很舒适。前景的瓶子等物在色彩与色调上均与背景色相协调，其中的红、黄等暖色降低了饱和度，失去了强烈和浓重的感觉，彰显着温柔与优雅。

C16 M16 Y29 K0

C31 M29 Y36 K0

C22 M18 Y42 K0

C34 M51 Y53 K0

C62 M50 Y46 K0

百搭深灰色，打开配色密码，高唱自由之歌

C58 M50 Y55 K0

C47 M40 Y43 K0

C15 M10 Y27 K0

克劳德·莫奈 《布吉瓦尔漂着浮冰的塞纳河》

在这幅画作中，莫奈用深灰色来表达天空、树木与河流，为整个场景笼罩上一层冬日的寂寥，突出了冰冷而静止的印象。白色的雪景以及浮冰在深灰色的映衬下显得格外醒目，让画作的层次感更加分明。近景小船边几个前来取水的人物，则用点的形式体现出来，为画面注入了生命的活力。

高级灰的优雅与生俱来，柔软又充满穿透力，用作墙面和沙发的配色，可以令空间显得更加深邃，增添空旷而又辽远的意境。搭配白色，清新脱俗；兼容木色，自然温润。

● C29 M25 Y24 K0　　● C51 M42 Y42 K0
● C34 M41 Y51 K0

● C44 M33 Y30 K0　　● C74 M57 Y94 K23
● C49 M91 Y92 K22

深灰色为主的室内配色降低了空间温度，充分演绎出都市气息，但容易造成人工、刻板的印象。不妨采用红色和绿色进行色彩点缀，撞色带来的视觉感染力，大大提升了空间的辨识度，更具生机。

这幅画作完成于卡米尔身患重病之时，大量的深灰色为整幅画面带来压抑的情绪，让人觉得有些沉郁。即使加入了绿色的树木，也因其带有灰色调，而显得缺乏生机。整个画作中最让人眼前一亮的色彩是卡米尔头上的红围巾，这大概也表达了莫奈希望此时卡米尔的生命，能像熊熊的烈火持续燃烧下去。

克劳德·莫奈 《红围巾：克劳德·莫奈夫人画像》

C51 M38 Y32 K0

C60 M45 Y81 K2

C81 M75 Y61 K30

C15 M94 Y91 K0

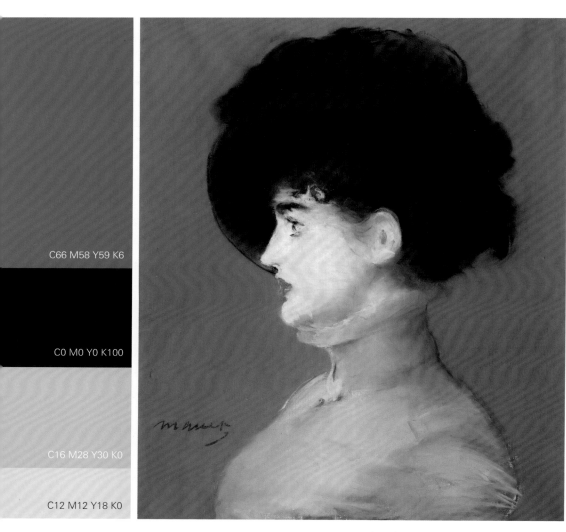

C66 M58 Y59 K6

C0 M0 Y0 K100

C16 M28 Y30 K0

C12 M12 Y18 K0

爱德华·马奈 《依尔玛·布伦纳像》

　　深灰色的背景十分均匀，突出了人物主体，并与画中女子肉粉色的上衣达成一种平衡，加之女子白皙的脸庞与黑色头发和黑色帽子的对比，画面不仅呈现出一种令人难以置信的明亮感，而且精心编排的色彩增强了画面如同天鹅绒般柔和的质感。

当静谧的深灰色与浪漫的樱花粉色同时出现在墙面上时，原本典雅的空间多了温柔的感觉。其中，深灰色自带的雅致能够很好地中和樱花粉色的甜腻，而樱花粉色又弱化了深灰色的疏离感，整个空间演绎出甜而不腻、温婉又高雅的情调。

- C66 M63 Y66 K15
- C18 M55 Y58 K0
- C26 M41 Y35 K0
- C0 M0 Y0 K100

- C14 M21 Y16 K0
- C26 M21 Y16 K0
- C65 M57 Y48 K1
- C0 M0 Y0 K0

卫生间墙面的下半部分采用深浅不一的灰色墙砖来铺贴，色彩与材质的选择均体现出了高级的质感。墙面上半部分的淡山茱萸粉色明度略高，提升了空间的明亮度，也为空间注入了柔美的气息。

黑色＋白色，永不过时的经典配色

C58 M50 Y55 K0

C47 M40 Y43 K0

C155 M10 Y27 K0

巴勃罗·毕加索 《格尔尼卡》

　　本幅画作结合了立体主义和超现实主义的风格，表现出痛苦的情绪。毕加索借助几何线的组合，使作品获得了严密的内在结构，并通过最简单的黑白两色，来体现世道的无情，控诉着战争惨无人道的暴行。

　　备注：此幅画作以站立昂首的牛和嘶吼的马为构图中心。画作的右边有一个妇女举着手从着火的屋上掉下来，另一个妇女拖着畸形的腿冲向画中心；左边一个母亲抱着她已死去的孩子；地上有一具战士的尸体，他的一只断了的手上握着断剑，剑旁是一朵生长着的鲜花。

色彩密码

　　黑色与白色的经典搭配，在时尚界永远不会过时，复制到家居之中也同样适用，可以带来具有强烈都市气息的空间氛围。其中，黑色是明度最低的色彩，具有绝对的重量感，用它作为配色，能够强化现代、冷峻的感觉；白色作为明度较高的色彩，通过与黑色之间明度差的对比，可以彰显出干练风范。

○ C0 M0 Y0 K0　　　　　　　● C0 M0 Y0 K100　　　　　　　● C24 M21 Y18 K0

空间中运用白色作为客厅的主色调，开放式厨房为黑色，空间的整体配色简洁而有力，色彩之间相辅相成。

厨房用黑白两色来打造，高纯度的黑色表现出冷峻、神秘的一面，亮白色则缓解了黑色带来的沉重感，色彩搭配虽然简单，却彰显出现代感。

○ C0 M0 Y0 K0　　● C81 M77 Y81 K62　　● C25 M24 Y31 K0

黑色+暖色，暗夜中的一束光

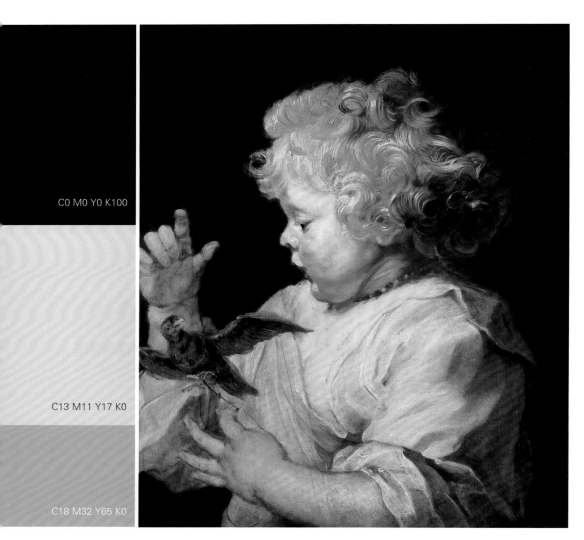

C0 M0 Y0 K100

C13 M11 Y17 K0

C18 M32 Y65 K0

彼得·保罗·鲁本斯 《男孩儿和鸟儿》

黑色的背景为画面奠定了理性、深邃的特质，男孩儿的出现如
同一束光，照亮了这一片深暗。白色的衣装以及金黄色的发丝，在
带来活力的同时又不过分耀眼。整幅画面的色彩，低调而不黯淡。

当深沉的黑色与活泼的黄色进行组合，碰撞出的氛围既不会过于沉闷，也不会过于刺激。方案中将黑色作为背景色与主角色，并用黄色进行辅助搭配，中和掉空间沉闷、冰凉的视觉感受，只保留沉稳、时尚的情绪，带来一种对潮流态度的完美诠释。

○ C0 M0 Y0 K0　　　　　　　　　● C0 M0 Y0 K100　　　　　　　　　◑ C6 M10 Y64 K0

C0 M0 Y0 K100

C78 M68 Y82 K45

C41 M98 Y100 K7

C11 M28 Y63 K0

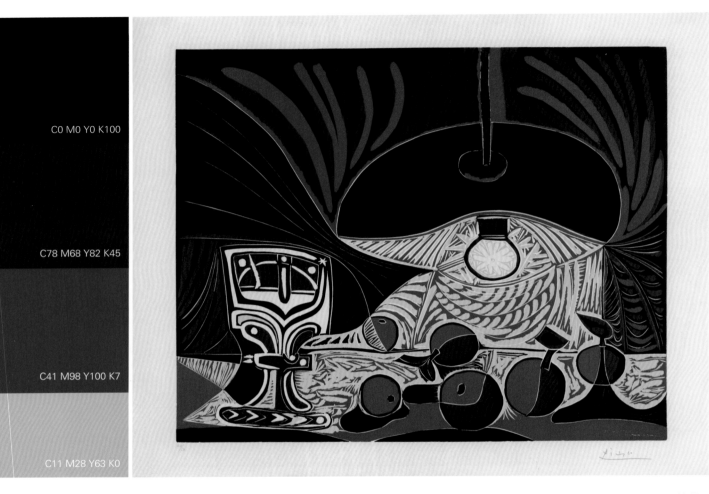

巴勃罗·毕加索 《灯光下的静物》

在这幅画作中，毕加索展现了强光下的苹果，这些苹果被处理成扁平的效果，给人一种不真实的感觉。大面积的黑色背景奠定了画面平稳的氛围，再加入红色辅助，增添热烈情绪。黄色的光线则为画面增加了暖度，令原本色彩碰撞激烈的画面，呈现出一种和谐感。

● C0 M0 Y0 K100　　○ C0 M0 Y0 K0　　● C41 M100 Y100 K7　　● C21 M36 Y69 K0

　　黑色的优雅低调，红色的热情张扬，两种不同视觉感受的色彩融合在一起，形成了复古又内敛的配色效果，再加入少量金黄色的点缀，整个空间呈现出轻奢的韵味。

C0 M0 Y0 K100

C17 M20 Y79 K0

C36 M27 Y28 K0

C24 M87 Y96 K0

巴勃罗·毕加索 《画室》

　　这幅由毕加索创作的抽象画《画室》，画面中运用无彩色系中的黑色、灰色，以及中差色的红黄对比来塑造画面内容。整幅画作的色彩并不复杂，但是色彩之间的对比却富有张力。毕加索通过笔触的变形，以及几何色彩的块状堆积，营造出一幅超现实主义的画面。

热爱艺术、不甘流俗的人的家居空间，可以用深沉、内敛的黑色作为主色，打造出静穆的空间。再加入鲜艳的红色，带来对于潮流的完美诠释。其间穿插的亮黄色，将空间的戏剧化风情点染到极致。红黄两色无需过多，只需一点就足够惊艳。

● C0 M0 Y0 K100　　　○ C11 M34 Y52 K0　　　● C59 M84 Y95 K49　　　● C37 M97 Y93 K3　　　○ C9 M4 Y44 K0

黑色＋冷色／中性色，
打造凝练中的超然气质

C0 M0 Y0 K100

C8 M9 Y18 K0

C75 M64 Y58 K12

乔凡尼·贝利尔 《年轻男人肖像》

　　画面中的年轻男子，头戴黑色的无檐帽，齐肩的黑色长发和简洁朴素的黑色服装，让整件作品有着异乎寻常的简练和庄重感。人物的面部表情坚定、沉静，在背景蓝天白云的映衬下，彰显出高贵而超然的气质。整幅画作的配色十分简洁，但并不寡淡，这主要得益于黑色的大面积使用。

　　备注：在西方绘画中，黑色通常运用在画面的暗部，而这幅肖像画却有着不同寻常的用色与构成方式，给人一种耳目一新的感受。

　　深沉的暗夜蓝色鲜明又霸道，用作墙面色彩，可以营造出有深度的空间氛围。若叠加黑色进行色彩搭配，可以打破空间的沉寂，突显无与伦比的尊贵感。这样的配色比较前卫，适合体现艺术化的家居氛围。

○ C0 M0 Y0 K0　　　　● C87 M83 Y64 K45
● C0 M0 Y0 K100

● C0 M0 Y0 K100　　● C81 M49 Y70 K7　　○ C0 M0 Y0 K0

黑色的浓重感较强，仿佛连接着黑夜，自带厚重的力量感，往往会令家居空间显得过于严肃。若采用饱和度较低的墨绿色进行搭配，则可以提升空间的生命力。同时，带有黑色调的绿色显得更加稳重，不会破坏空间原本呈现出的氛围基调。

爱德华·马奈
《露台》

C0 M0 Y0 K0

C0 M0 Y0 K100

C69 M46 Y59 K0

在这幅画作中，马奈采用了克制的色调，以房间的虚幻黑色、夏装的白色、阳台百叶窗和栏杆的绿色为主，颜色之间的融合营造出一种"神秘"的氛围。原本黑白两色的对比感十分强烈，但绿色的融入则很好地平衡了画面。

备注：这是马奈画的第一幅关于莫里索的肖像画，他通过绿色的栏杆和百叶窗设置出了一个框架，这个框架使马奈能够将差异和对立和谐地结合在一起，从而创造出这幅集体肖像画。

黑色＋褐色，诉说内敛与智慧的情调

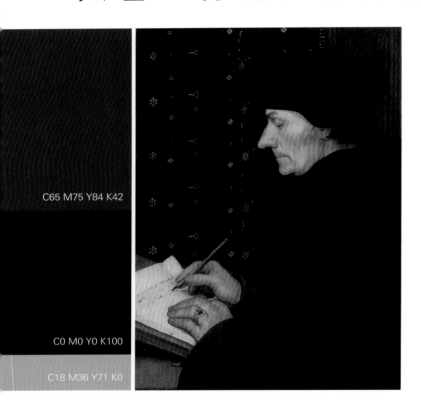

C65 M75 Y84 K42

C0 M0 Y0 K100

C18 M36 Y71 K0

小汉斯·荷尔拜因 《伊拉斯谟像》

《伊拉斯谟像》的色彩对比强烈，人物形象鲜明，表现重点突出。荷尔拜因对色彩的处理很有特点，先是把人物的装束处理成黑色，再把光线集中在人物亮白的面孔和双手上，以突出重点。其次，画面的背景被处理为黑褐色，同时夹杂着一些简单的同色系花纹，更加衬托出人物所处的安静环境，以及人物的深沉、智慧。

用石墨色作为空间主色，搭配精致的欧式装饰线，营造出绅士、内敛的情调。再利用暖褐色的地板作为色彩调剂，可以塑造出平稳、温和的空间氛围。

● C0 M0 Y0 K100　　　● C54 M71 Y81 K18

第二部分
色彩的应用技法

冷色与暖色对比，丰富配色层次

C54 M36 Y0 K0

C7 M17 Y40 K0

C55 M66 Y100 K17

在霍贝玛的《林荫道》这幅画作中，占据画面1/3的田地是暖色调，占据2/3的天空是冷色调，冷暖色的对比让人眼前一亮。但霍贝玛为了避免由于色彩强对比带来的视觉不适，在画面中利用平行并立的树木所带来的纵深来缓冲画面色彩对比带来的刺激感。

梅因德尔特·霍贝玛 《林荫道》

C83 M63 Y8 K0

C91 M75 Y71 K49

C10 M13 Y65 K0

C87 M56 Y78 K22

C36 M82 Y90 K1

德尼的《坟墓边的圣女》这幅画作，同样采用的是对比色搭配。画中占比较大的颜色是蓝色与青色，再利用中黄色来加强画面的对比。此外，画面中还进行了小面积的红绿对比，如绿色的草地，以及画面中心的红色灵魂。

摩里·德尼 《坟墓边的圣女》

● C73 M53 Y17 K0　● C40 M48 Y68 K0　● C91 M56 Y100 K31
● C24 M43 Y98 K0　● C44 M100 Y89 K12

冷色和暖色看似互不相让、水火不容，但实际上这两类色彩组合在一起，既能丰富配色层次，又能使配色变得灵动而有活力。需要注意的是，在进行室内设计时，并非所有的冷色和暖色都可以随意搭配，而是需要遵循一定的配色规则。例如，同一居室内不得超过三种冷暖色对比，否则会显得杂乱。

● C76 M60 Y52 K6　　● C46 M49 Y58 K0　　● C26 M27 Y56 K0

空间中的色彩看似较为丰富，但大致可以归纳为一组对比色和一组互补色。其中，墙面的蓝色和地面的黄棕色作为对比色出现，一冷一暖碰撞出多元的配色层次。互补色表现在红绿配色中，由于容易形成刺激的视觉效果，因此被小面积地运用在地毯、台灯，以及绿植的配色中。这样的配色虽然充满了变化，但因为有规律可循，因此不会显得杂乱无章。

将蓝色作为墙面 2/3 的配色，再利用沙发、条案的色彩与之呼应，大面积的冷色调给人一种清雅的感觉。另外，抱枕、单人座椅中呈现出的黄色调，以及地面的暖棕色，为清冷的空间增添了一层暖意。

用黑色塑造紧凑、有秩序的配色

C87 M84 Y85 K74

C68 M52 Y92 K11

C25 M19 Y69 K0

C58 M90 Y100 K50

C82 M64 Y76 K34

阿道夫·约瑟夫·托马斯·蒙蒂切利 《有牡蛎和鱼的静物》

　　画面的前景——衬布、牡蛎、鱼、柠檬等物，将棕黄色、土绿色、酒红色、灰蓝色的调子糅合在一起，加之瓷罐上明亮的高光，使整个画面的色彩十分丰富。这幅画面的高明之处在于利用纯黑色的背景将前景的色彩进行了有效统一，弱化了缤纷色彩之间的对比，并起到使整体画面紧凑的作用。

● C0 M0 Y0 K100   ○ C0 M0 Y0 K0   ● C9 M17 Y71 K0
● C7 M98 Y100 K0   ● C74 M50 Y79 K9

色彩密码

黑色在色彩之中，属于比较重的颜色。在家居配色中，黑色是一种很好的调和色，可以统一凌乱的色彩分布，令空间的整体配色有重心、有秩序。

黑色作为背景色，可以带来强烈的视觉冲击。再加入饱和度较高的红色抱枕，以及黄色的沙发盖毯做点缀，整个空间形成的配色效果十分惊艳。这样的配色往往用来表达艺术、夸张的空间氛围。

用白色统一配色，增加轻盈、透气感

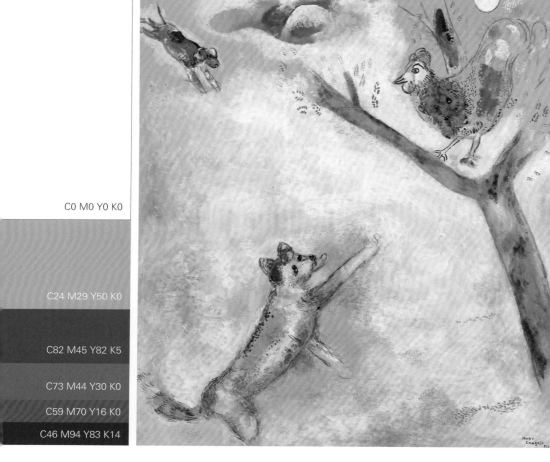

C0 M0 Y0 K0

C24 M29 Y50 K0

C82 M45 Y82 K5

C73 M44 Y30 K0

C59 M70 Y16 K0

C46 M94 Y83 K14

马克·夏加尔　《拉封丹寓言》插画

　　画面中的配色并不复杂，但耐人寻味。红蓝相间的狐狸、绿紫相撞的
公鸡、蓝色的狗，以及棕黄色的树干，极具童话气息。由于这些色彩对比
强烈，夏加尔别出心裁地利用白色涂画在画面的中间部分，有效地整合了
斑斓的色彩，令画面呈现出轻盈的质感。

色彩密码

　　白色在配色设计中是非常好的背景色，可以给其他色彩充分展示的舞台。在室内设计中，如果空间中的色彩很多，难以形成视觉焦点，不妨利用白色进行衬托、调和，既能规避杂乱，同时可以形成轻盈、通透的空间环境。

　　空间中的软装色彩十分丰富，且饱和度较高，能够轻易留住人们的目光。若是背景色同样引人注目，会造成过于刺激的视觉感受。因此，在这个方案中，将背景色定位成白色，有效地突出了富有艺术化特性的软装色彩，而且使整个空间看起来通透性较高。

○ C0 M0 Y0 K0　　● C0 M0 Y0 K100　　● C27 M27 Y78 K0
● C45 M100 Y94 K15　　● C76 M45 Y53 K0　　● C77 M12 Y100 K0

提高纯度可明确主角配色

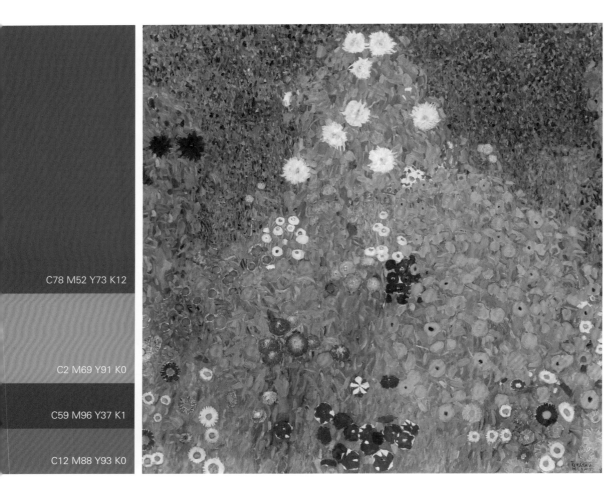

C78 M52 Y73 K12

C2 M69 Y91 K0

C59 M96 Y37 K1

C12 M88 Y93 K0

古斯塔夫·克里姆特 《花圃》

　　由于画面内容表达的是花圃，因此运用到的色彩非常丰富。仅是草地就呈现出苍绿、翠绿、黄绿等多种绿色，加之花朵中的紫色、橙色、粉色、白色等，容易造成喧闹的视觉感受。但克里姆特利用高明的色彩处理方法来打破这一困境，他巧妙地利用纯度较高的橙色花朵，并加大其在画面中的面积占比，轻易地将画面内容的主次区分开。

- C20 M76 Y89 K0
- C75 M51 Y97 K12
- C93 M64 Y70 K31
- C30 M90 Y100 K0
- C26 M88 Y41 K0

色彩密码

在空间配色中，要想使主角变得明确，提高纯度是最有效的方法之一。当空间中的主角变得鲜艳，自然拥有了强势的视觉效果，也会使整体空间的主次更加分明，空间氛围具有朝气。

空间中的配色丰富，各种颜色交织在一起，仿若打造出一处斑斓的花海。在众多的色彩中，橙色橱柜占据了较大的色彩面积，形成了空间中的主角，即使身处绚烂的色彩之中，也能够独树一帜。

减弱背景色，提亮主角色，可保证整体配色更醒目

C60 M47 Y50 K0

C0 M0 Y0 K100

C44 M99 Y95 K13

C27 M39 Y84 K0

C0 M0 Y0 K0

爱德华·马奈
《吹笛少年》

马奈的《吹笛少年》这幅画作，将人物置于浅灰色、近乎平涂的明亮背景中进行描绘，利用比较概括的背景色块将人物形体突显出来。画面中，引人注目的色彩集中在人物的穿戴之上，茜红色的裤子与黑色短上衣，色彩对比强烈、醒目，而短上衣中的铜纽扣与乐器的色彩形成呼应，加强了画面的精致感。另外，少年所佩戴的帽子色彩来源于衣饰，整个人物的着色互相映衬，和谐中富有变化。

色彩密码

在空间配色中，抑制背景色可以起到突出主角色的作用。例如，可以降低背景色的纯度，提高其明度，以便突出主角色的主体地位。

　　红色的沙发虽然作为空间中的主角，但由于浓色调的运用而显得有些低调。为了突出其主角地位，只能通过减弱背景色来进行改善。方案中，选择了灰黑色作为背景色，既突显了沙发，又为整体空间营造出的高级、精致品位添色不少。

● C66 M62 Y60 K10　　　● C79 M73 Y71 K43　　　● C41 M80 Y65 K2　　　● C38 M61 Y75 K0　　　● C60 M29 Y91 K0

同一调和，更易形成统一的配色印象

C27 M19 Y17 K0

C24 M38 Y65 K0

C69 M61 Y52 K5

C63 M79 Y100 K50

伊里亚·叶菲莫维奇·列宾 《伏尔加河上的纤夫》

C31 M53 Y80 K0

C34 M21 Y28 K0

C57 M89 Y100 K46

C79 M70 Y54 K15

C39 M85 Y91 K4

让·弗朗索瓦·米勒 《拾穗者》

大片的暖棕色沙滩，与衣衫色彩深沉、皮肤晒得黝黑的纤夫结合起来，产生了巨大的压抑感，以及悲怆的气息。为了使画面的色调统一，列宾有意识地在天空中加了许多黄灰色，使之与地面的暖色相协调。在整个画面中，纤夫的衣着是蓝灰色与黄色的大调子相对比，所以作品的主题——纤夫很突出。由于纤夫所处的环境为阳光下，因此纤夫身上的蓝衣服中加入了很多暖色，使其成为偏暖的蓝灰色，为了打破蓝衣服的沉闷、单调，列宾在纤夫中间特意加了一个穿红色衣服的年轻人，虽然出现了色彩变化，但由于色调依然被统一在浊色调中，整体画面的基调仍然十分和谐。

画面以黄色的麦田为背景，远处的天空由于地面尘土的关系，呈现出的是发蓝的灰色，虽然黄色和蓝色作为对比色，容易给人带来激烈的配色印象，但由于画作中将两种色彩的饱和度降低，使画面的氛围被统一在和煦的基调中。另外，农民的头巾色彩虽然利用的是红、黄、蓝三原色，但依然采用了降低饱和度的手法，将整个画面的色彩归纳在弱对比之中。

空间中除了白色和灰色，还利用红、黄、蓝三原色来丰富室内的配色关系。由于三原色中加入了少量的灰色，而使色调被统一在微浊色之内，整个空间的配色在具有变化的同时，又不乏高级感。

● C36 M53 Y56 K0　● C46 M31 Y30 K0　○ C0 M0 Y0 K0　● C19 M15 Y34 K0　● C81 M61 Y100 K39　● C88 M80 Y53 K20

约翰·埃弗里特·米莱斯 《盲女》

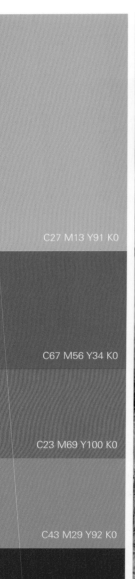

C27 M13 Y91 K0

C67 M56 Y34 K0

C23 M69 Y100 K0

C43 M29 Y92 K0

C46 M93 Y85 K15

　　米莱斯的《盲女》这幅画作，在创作手法上同样采用了同一调和的配色方式，但相较于《伏尔加河上的纤夫》和《拾穗者》这两幅画作，更为复杂。画面以黄色为主，从色相上来说是暖色调，从明度上来说是高明度色彩，从纯度上看是鲜艳色。因此，画面中的红色和橙色，首先在色相上与主色调吻合。由于蓝色是冷色，突然出现很容易破坏整体画面的温暖感，因此米莱斯将在画面中运用到的蓝色处理成偏暖的灰蓝色，同时在画面中的占比不大，这样整幅画面就取得了色彩的和谐统一。同理，为了强调画面的亮黄色调，背景中的绿树尽量向黄色调靠拢，使其和画面中的其他色彩能够协调。

色彩密码

同一调和包括同色相调和、同明度调和及同纯度调和。其中，同色相调和即在色相环中60°之内的色彩调和，由于其色相差别不大，因此非常协调。同明度调和是使被选定的色彩各明度相同，便可达到含蓄、丰富和高雅的色彩调和效果。同纯度调和是被选定色彩的各饱和度相同，基调一致，容易达成统一的配色印象。

色彩的明度和纯度统一，即使色相不同，整体配色也会看起来很和谐。例如，选用的色彩明度和纯度为中间色调，会给人留下质朴的印象。

空间配色先将大面积的色相统一在暖色之中，黄色的墙面和橙色的床品带来了暖意洋洋的空间氛围。枕头的色彩虽然是冷色，但由于被处理成灰蓝色，这种带有暖色调的冷色小面积地出现，不会显得突兀，更不会破坏整个空间的温暖感。

● C9 M32 Y80 K0　　● C7 M68 Y69 K0　　● C73 M63 Y51 K6　　● C73 M50 Y100 K11

分离调和，高度融合原本独立的颜色

C73 M36 Y89 K0

C48 M13 Y74 K0

C50 M19 Y7 K0

克劳德·莫奈 《春日》

　　莫奈的《春日》这幅画作，被绿色和蓝色两种色彩占据，虽然是邻近色搭配，但由于两个颜色的明度较高，依然容易造成对比过于强烈的视觉效果。因此，莫奈在画面中加入了白色的云朵进行色彩分离，不仅保留了整个画面的清透质感，而且有效地避免了色彩强对比带来的不适。

色彩密码

分离调和是指在颜色和颜色中间插入无彩色或低明度的颜色，让原本各自独立的颜色产生调和的效果，也可以使过于强烈的配色看起来更加柔和。需要注意的是，分离色只是对配色起到辅助作用的颜色，应避免面积过大，否则就变成了多色搭配。

● C40 M10 Y7 K0　　● C57 M34 Y92 K0　　○ C0 M0 Y0 K0

餐厅的墙面非常具有创意，婴儿蓝色、浅灰绿色、紫灰色形成的百叶窗造型，搭建出立体效果，丰富了空间的造型层次。同时，餐椅的色彩与墙面的婴儿蓝色形成了呼应效果，而不显得孤立。餐桌的白色则有效地进行了色彩分离，令餐椅和墙面拉开距离。

● C24 M6 Y10 K0　　● C70 M48 Y28 K0
● C57 M34 Y92 K0　　● C63 M50 Y30 K0

天蓝色的沙发搭配翠绿色的窗帘，让人沉浸在轻松的氛围之中。墙面壁纸的花纹，以及地毯的图案也在这两种色彩之中穿梭，游刃有余地传达着自然的气息。再利用白色作为调剂，为空间增加了透气性，更加宜居。

互混调和，令空间色彩过渡自然、有序

C74 M55 Y34 K0

C47 M24 Y40 K0

C42 M54 Y62 K0

C39 M80 Y100 K3

克劳德·莫奈 《在迪耶普附近的悬崖上，夕阳》

在这幅画中，崎岖起伏的法国北部海岸的色调令人想起地中海。画面中主要呈现出蓝色和橙色两种颜色，为了避免高饱和度的橙蓝两色对比过于强烈，莫奈在画中加入了灰蓝色和灰橙色，使画面中同时具有了类似色的调和效果，使画面的刺激感降低，观感更加舒适。在这幅画中，莫奈仅以轻巧的轮廓和形状来呈现景物，却足以表现出夏日傍晚被热气包围的悬崖景色。

备注：这幅作品清晰地体现了莫奈着重表现感官知觉的理念，而使他名垂青史的《睡莲》系列亦在这段时期开始萌芽。

色彩密码

在进行空间设计时，往往会出现两种色彩不能很好融合的现象，这时可以尝试运用互混调和。例如，选择一种或两种颜色的类似色，形成三种或四种色彩，利用类似色进行过渡，可以形成协调的色彩印象。添加的同类色非常适合作为辅助色。

橙色和蓝色相撞，虽然能够轻易地吸引人们的视线，但大面积使用时也容易造成强烈对比，而显得有些刺激。不妨将墙面中的蓝色和沙发的蓝色形成深浅对比，再拉近蓝色沙发和橙色墙面的明度，互混调和的色彩配置令空间在呈现出艺术效果的同时，也更加容易被居住者接受。

● C93 M76 Y20 K0 ● C30 M75 Y75 K0 ● C56 M20 Y20 K0 ● C46 M82 Y43 K0

重复调和可增进空间色彩融合度

C87 M69 Y42 K0

C35 M17 Y15 K0

C51 M75 Y75 K14

《圣德尼街 1878 年 6 月 30 日的节庆》这幅画作中，引人注意的是画面的模糊轮廓和用来表现行人的深色细碎笔触。这些由红色、蓝色、白色组合而成的旗帜，利用反复的色彩组合来达到"引人入画"的效果，令人想要探究画面表达的深意。

克劳德·莫奈 《圣德尼街 1878 年 6 月 30 日的节庆》

色彩密码

在进行空间色彩设计时，若一种色彩仅小面积出现，与空间其他色彩没有呼应，则空间配色会缺乏整体感。这时不妨将这一色彩分布到空间中的其他位置，如家具、布艺等，形成共鸣重合的效果，进而促进整体空间的融合感。另外，即使是对比强烈的配色，在不断重复之后，也会成为一个统一的整体，且更容易被人接受。

● C73 M33 Y25 K0　　● C47 M88 Y77 K13　　○ C0 M0 Y0 K0
● C91 M80 Y56 K25　　● C65 M72 Y78 K35　　● C32 M17 Y17 K0

卧室壁纸的配色借鉴了《圣德尼街1878年6月30日的节庆》这幅画作中的重复手法，将红、蓝、白三色反复利用，形成极具现代感和变化性的图案。为原本配色简洁的空间，带来了视觉变化。

○ C0 M0 Y0 K0　　　　　　　● C57 M63 Y76 K12
● C90 M83 Y71 K58　　　　　● C57 M87 Y78 K36

开放式的客餐厅中，利用红色和蓝色作为软装配色，并借用重复手法，使空间整体配色富有变化，且不会显得毫无关联。

富有变化的组群色，营造节奏美感

C60 M74 Y98 K36

C37 M29 Y29 K0

C65 M52 Y36 K0

C39 M64 Y68 K0

C49 M51 Y68 K0

C42 M58 Y74 K1

列奥纳多·迪·皮耶罗·达·芬奇 《最后的晚餐》

　　在《最后的晚餐》这幅画作中，房间的背景色是深暗的，桌上铺的是米白色桌布。由于画面中的大面积色彩比较低调，因此身着彩色衣服的人物显得非常突出。在耶稣的两边，各有穿红色、蓝色、黄色、绿色衣服的人物，形成了色彩的组群。但是，这些颜色的数量和面积却又不完全相等，在排列上也具有穿插变化，使整幅画面的色彩呈现出节奏感与韵律感。

○ C0 M0 Y0 K0　　● C91 M66 Y17 K0　　● C21 M43 Y91 K0
● C52 M18 Y89 K0　　● C16 M53 Y17 K0　　● C10 M74 Y90 K0

空间以白色作为背景色，奠定了干净、通透的特质。为了增加空间的观赏性，在装饰物的色彩上别具匠心。将绿色系、蓝色系、橙黄色系，以及红粉色系的颜色作为群组色表现在装饰画上，再将这些色彩用于壁炉上的装饰摆件、壁灯，以及坐墩中，令空间色彩富于变化。

色彩密码

在空间配色中，如果点缀色过多、过散，不但达不到装饰效果，还会令空间产生凌乱感。因此，不妨将3~4种色彩作为一个组群，使其有规律地出现在空间中，用以丰富空间的配色层次。

○ C0 M0 Y0 K0　　● C23 M53 Y13 K0　　● C62 M29 Y100 K0
● C21 M100 Y100 K0　　● C100 M94 Y50 K9

将红色、蓝色、绿色作为群组色表现在边几的装饰物上，同时延伸到餐桌区的配色之中，为原本净白的空间增加了活力。

渐变调和，创造稳定、协调的氛围

C33 M26 Y47 K0

C74 M54 Y58 K5

C47 M29 Y34 K0

C70 M53 Y71 K9

C11 M12 Y47 K0

克罗德·洛兰 《希巴女王的出航》

　　《希巴女王的出航》这幅画的色彩搭配比较有特色，朝阳温暖而朦胧的黄色光线由画面中央向四周扩散，渐渐与天空和大海衔接，色彩也完成了由暖到冷的转换。整幅画面借由色彩的变化，使人产生距离感和纵深感。

○ C0 M0 Y0 K0　　　　　　　　● C72 M43 Y0 K0　　　　　　　　● C96 M85 Y45 K11
● C63 M15 Y19 K0　　　　　　　● C22 M16 Y9 K0

色彩密码

　　渐变调和是使颜色产生阶段性变化的技巧，其既可以使整体具有统一感，又可以给人不断变化的感觉。渐变调和既可以是通过改变同一色相的色调形成的渐变色组合，也可以是一种色彩到另一种色彩的渐变，例如红色渐变到蓝色，中间经过黄色、绿色等。这种色彩调和方式，可以使原本对比强烈、刺激的色彩关系变得和谐、有秩序。另外，如果在家居空间的背景中大面积使用渐变配色，可以表现出空间和时间的变化。

　　装饰画中的蓝色海洋从深蓝色到灰蓝色形成了渐变的色彩搭配，由于装饰画在墙面的占比较大，形成了视觉焦点，为空间带来了纵深感。同时，空间中的其他软装，如沙发、抱枕、地毯、水杯等的色彩，也取自深浅不一的蓝色，令整个空间被笼罩在蓝色带来的清澈、幽深的氛围中。

用强调色来抓取观者的注意力

C60 M39 Y51 K0

C75 M54 Y50 K2

C53 M60 Y65 K4

C36 M83 Y88 K2

克劳德·莫奈 《日出》

　　莫奈的《日出》这幅画作中，主角是色彩的搭配而不是明暗。画面整体被处理为偏清冷的色调，再用红日透射出的色彩渲染天空和水面。为了表现晨曦薄雾的朦胧感，整幅画作的色彩基本上都为浊色调，但是红日的出现仿若将画面打开了一个缺口，将红日的光芒散发到画面的每一处角落，也令整幅画作有了视觉焦点。

色彩密码

　　在整体统一的配色中，改变特定部分的颜色，使其突出的手法就是强调色。通常情况下，强调色被其他颜色包围，会看起来比实际亮一些，给人鲜艳的感觉。由于强调色需要具有诱目性的特征，因此使用和背景色的色相、明度、纯度都不同的颜色会产生强调的效果，其中色相差最大的互补色，最容易起到这种作用。需要注意的是，强调色的面积过大就会变成相互对立的状态，所以技巧是尽量小面积地使用。

　　玄关的配色以宝蓝色和白色为主，其中宝蓝色可以提升空间的品质，白色则呈现出干净、通透的视觉感受。另外，空间中的装饰画不仅画面内容时尚，而且在用色上与玄关柜的色彩相映衬，同时画面中的红唇图案又巧妙地成为空间的视觉焦点。

● C95 M73 Y37 K2　　○ C0 M0 Y0 K0　　● C93 M95 Y51 K24　　● C47 M99 Y100 K18

点睛之笔的小面积鲜亮色彩

C52 M64 Y76 K9

C80 M82 Y79 K66

C2 M2 Y12 K0

C17 M77 Y80 K0

扬·马特伊科
《格伦瓦尔德之战 》

在《格伦瓦尔德之战》这幅画作中，马特伊科利用白色作为主要人物及其相关事物的色彩，如白马、白斗篷。战斗的另一方，色彩被统一在与背景色区分不大的黑、棕色调之中。但是，马特伊科又在周围一片黑色铠甲的士兵中间，加入了头戴红色头巾的士兵，这一鲜亮的色彩很明显地"跳"了出来，成为整幅画作中的调剂用色。

○ C0 M0 Y0 K0 ○ C6 M6 Y9 K0
● C24 M30 Y82 K0 ● C59 M35 Y77 K0

客厅以无彩色为主色，呈现出干净、明亮氛围的同时，也略显得有些平淡。而增加了色彩明亮的黄色抱枕和懒人沙发之后，整个空间瞬间变得鲜活起来。

色彩密码

当室内主要配色过于单一或者平淡时，可以采用小面积的鲜亮颜色来丰富室内的色彩氛围。这种起到点睛作用的色彩一般可以体现在家具、布艺等软装中。